U0214855

"十二五"国家重点图书出版规划项目

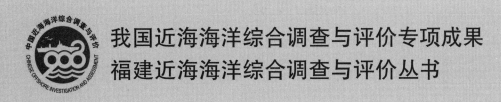

我国近海海洋综合调查与评价专项成果
福建近海海洋综合调查与评价丛书

Influence of Outflows from
the Minjiang River on the Estuary
and Adjacent Coastal Areas

闽江入海物质
对闽江口
及沿海地区的影响

陈　坚　汤军健　李东义　等◎著

科学出版社

北　京

内 容 简 介

　　本书是福建省 908 专项综合评价和福建省重大专项前期研究课题的主要研究成果。首先，简要介绍了闽江口地质地貌、水文气象、泥沙径流和近年来的海洋环境状况；其次，根据实测和历史数据，分别阐述了闽江口海域温度盐度和营养盐的季节变化特征及对浮游生物生长的影响、河口潮流与悬沙二维数值模型、河口水沙变化与输送过程、河口海底地貌演变与成因、盐水入侵三维数值模型等研究成果；最后，总结了闽江入海物质变化对河口海洋生态系统的主要影响，提出河口持续发展的对策与建议。

　　本书可供从事海洋地质、沉积动力过程、河口生态、河口工程和海岸带综合管理等专业科技人员及有关高等院校师生参考。

图书在版编目（CIP）数据

闽江入海物质对闽江口及沿海地区的影响／陈坚等著. —北京：科学出版社，2015.6

（福建近海海洋综合调查与评价丛书）

ISBN 978-7-03-044980-1

Ⅰ. ①闽… Ⅱ. ①陈… Ⅲ. ①闽江-河口治理-研究 Ⅳ. ①TV856

中国版本图书馆 CIP 数据核字（2015）第 131065 号

丛书策划：胡升华　侯俊琳

责任编辑：石　卉　刘海涛／责任校对：赵桂芬

责任印制：肖　兴／封面设计：铭轩堂

编辑部电话：010-64035853

E-mail：houjunlin@ mail. sciencep. com

科 学 出 版 社 出版

北京东黄城根北街 16 号

邮政编码：100717

http://www.sciencep.com

北京通州皇家印刷厂　印刷

科学出版社发行　各地新华书店经销

*

2015 年 7 月第　一　版　开本：787×1092　1/16

2015 年 7 月第一次印刷　印张：11 3/4

字数：185 000

定价：88.00 元

（如有印装质量问题，我社负责调换）

福建省近海海洋综合调查与评价项目（908专项）组织机构

专项领导小组*

组　　长　张志南（常务副省长）

历任组长　（按分管时间排序）

　　　　　　刘德章（常务副省长，2005~2007年）

　　　　　　张昌平（常务副省长，2007~2011年）

　　　　　　倪岳峰（副省长，2011~2012年）

副 组 长　吴南翔　王星云

历任副组长　刘修德　蒋谟祥　刘　明　张国胜　张福寿

成员单位　省发展和改革委员会、省经济贸易委员会、省教育厅、省科学技术厅、省公安厅、省财政厅、省国土资源厅、省交通厅、省水利厅、省环保厅、省海洋与渔业厅、省旅游局、省气象局、省政府发展研究中心、省军区、省边防总队

专项工作协调指导组

组　　长　吴南翔

历任组长　张国胜（2005~2006年）　刘修德（2006~2012年）

副 组 长　黄世峰

成　　员　李　涛　李钢生　叶剑平　钟　声　吴奋武

历任成员　陈苏丽　周　萍　张国煌　梁火明　卢振忠

专项领导小组办公室

主　　任　钟　声

历任主任　叶剑平（2005~2007年）

---

* 福建省海洋开发管理领导小组为省908专项领导机构。如无特别说明，排名不分先后，余同。

常务副主任　柯淑云

历任常务副主任　李　涛（2005～2006年）

成　　员　许　斌　高　欣　陈凤霖　宋全理　张俊安（2005～2010年）

专项专家组

组　　长　洪华生

副 组 长　蔡　锋

成　　员　（按姓氏笔画排序）

刘　建　刘容子　关瑞章　阮五崎　李　炎　李培英　杨圣云　杨顺良

陈　坚　余金田　杜　琦　林秀萱　林英厦　周秋麟　梁红星　曾从盛

简灿良　暨卫东　潘伟然

任务承担单位

省内单位　国家海洋局第三海洋研究所，福建海洋研究所，厦门大学，福建师范大学，集美大学，福建省水产研究所，福建省海洋预报台，福建省政府发展研究中心，福建省海洋环境监测中心，国家海洋局闽东海洋环境监测中心，厦门海洋环境监测中心，福建省档案馆，沿海设区市、县（市、区）海洋与渔业局、统计局

省外单位　国家海洋局第一海洋研究所、中国海洋大学、长江下游水文水资源勘测局

各专项课题主要负责人

郭小刚　暨卫东　唐森铭　林光纪　潘伟然　蔡　锋　杨顺良　陈　坚

杨燕明　罗美雪　林　忠　林海华　熊学军　鲍献文　李奶姜　王　华

许金电　汪卫国　吴耀建　李荣冠　杨圣云　张　帆　赵东波　方民杰

戴天元　郑耀星　郑国富　颜尤明　胡　毅　张数忠　林　辉　蔡良侯

张澄茂　陈明茹　孙　琪　王金坑　林元烧　许德伟　王海燕　胡灯进

徐永航　赵　彬　周秋麟　陈　尚　张雅芝　莫好容　李　晓　雷　刚

"福建近海海洋综合调查与评价丛书"

编纂指导委员会

编纂指导委员会办公室

丛书序 FOREWORD

2003 年 9 月，为全面贯彻落实中共中央、国务院关于海洋发展的战略决策，摸清我国近海海洋家底及其变化趋势，科学评价其承载力，为制定海洋管理、保护、开发的政策提供基础依据，国家海洋局部署开展我国近海海洋综合调查与评价（简称 908 专项）。

福建省 908 专项是国家 908 专项的重要组成部分。在国家海洋局的精心指导下，福建省海洋与渔业厅认真组织实施，经过各级、各有关部门，特别是相关海洋科研单位历经 8 年的不懈努力，终于完成了任务，将福建省 908 专项打造成为精品工程、放心工程。福建是我国海洋大省，在 13.6 万千米^2 的广阔海域上，2214 座大小岛屿星罗棋布；拥有 3752 千米漫长的大陆海岸线，岸线曲折率 1：7，居全国首位；分布着 125 个大小海湾。丰富的海洋资源为福建海洋经济的发展奠定了坚实的物质基础。

但是，随着海洋经济的快速发展，福建近海资源和生态环境也发生了巨大的变化，给海洋带来严重的资源和环境压力。因此，实施 908 专项，对福建海岛、海岸带和近海环境开展翔实的调查和综合评价，对解决日益增长的用海需求和海洋空间资源有限性的矛盾，促进规划用海、集约用海、生态用海、科技用海、依法用海，规范科学管理海洋，推动海洋经济持续、健康发展，具有十分重要和深远的意义。

福建是 908 专项任务设置最多的省份，共设置 60 个子项目。其中，国家统一部署的有五大调查、两个评价、"数字海洋"省级节点建设和 7 个成果集成等 15 项任务。除此之外，福建根据本省管理需要，增加了 13 个重点海湾容量调查、海湾数模与环境研究、近海海洋生物苗种、港航、旅游等资源调查，有关资源、环境、灾害和海洋开发战略等综合评价项目，以及《福建海湾志》等成果集成，共 45 项增设任务。

在福建实施 908 专项过程中，包括省内外海洋科研院所、省直相关部门、沿海各级海洋行政主管部门和统计部门在内的近百个部门和单位，累计 3000 多人参与了专项工作，外业调查出动的船只达上千船次。经过 8 年的辛勤劳动，福建省 908 专项取得了丰硕成果，获取了海量可靠、实时、连续、大范围、高精度的海洋基础信息数据，基本摸清了福建近海和港湾的海洋环境资源家底，不仅全面完成了国家海洋局下达的任务，而且按时完成了具有福建地方特色的调查和评价项目，实现了预期目标。

本着"边调查、边评价、边出成果、边应用"的原则，福建及时将 908 专项调查评价成果应用到海峡西岸经济区建设的实践中，使其在海洋资源合理开发与保护、海洋综合管理、海洋防灾减灾、海洋科学研究、海洋政策法规制定等领域发挥了积极作用，充分体现了福建省 908 专项工作成果的生命力。

为了系统总结福建省 908 专项工作的宝贵经验，充分利用专项工作所取得的成果，福建省 908 专项办公室继 2008 年结集出版 800 多万字的《福建省海湾数模与环境研究》项目系列专著（共 20 分册），2012 年安排出版《中国近海海洋图集——福建省海岛海岸带》、《福建省海洋资源与环境基本现状》、《福建海湾志》等重要著作之后，这次又编辑出版"福建近海海洋综合调查与评价丛书"。"福建近海海洋综合调查与评价丛书"共有 8 个分册，涵盖了专项工作各个方面，填补了福建"近海"研究成果的空白。

　　"福建近海海洋综合调查与评价丛书"所提供的翔实、可靠的资料，具有相当权威的参考价值，是沿海各级人民政府、有关管理部门研究福建海洋的重要工具书，也是社会大众了解、认知福建海洋的参考书。

　　福建省 908 专项工作得到相关部门、单位和有关人员的大力支持，在本系列专著出版之际，谨向他们表示衷心感谢！由于本系列专著涉及学科门类广，承担单位多，时间跨度长，综合集成、信息处理量大，不足和差错之处在所难免，敬请读者批评指正。

福建省 908 专项系列专著编辑指导委员会

2013 年 12 月 8 日

前言 PREFACE

河口地区资源丰富，交通便捷，人口稠密，经济繁荣，它的开发利用对经济的发展有重要作用。因河口处于特殊的地理位置，大气圈、水圈、岩石圈和生物圈在此交互作用，河口地区动力条件多变、沉积过程复杂、地貌演变迅速、生态环境脆弱，故对河口地区的演化研究有重要的科学价值。

随着当代社会、经济的快速发展，受施肥、建坝、引水、土地利用、城市化、工业生产、排污等人类活动的影响，江河入海物质变化失调，河口地区环境急剧恶化，生态系统受到威胁甚至破坏等。工业化前，全球大河每年输入海洋的氮约为 3500 万吨。工业化后，特别是近四五十年来，因施用化肥等人类活动，河流入海氮通量增至 7600 万吨，人类活动影响部分超过了自然的本底值，河口和近海富营养化、赤潮日趋严重和频繁。近五十年来河流建坝发展迅速，目前全球河流约有 16% 的水和 25% 的泥沙被河坝截拦，江河入海泥沙总量减少且季节分布更不均匀，加上工农业排放大量的污染物质，引起河口严重的侵蚀并造成海水入侵和湿地萎缩退化，河流下游和近海生态环境产生了巨大变化，威胁着河口和沿海的工农业生产和生态安全。

基于河口与海岸带地区的重要性以及人类活动对生态环境的重大影响，IGBP 近二十年来专门设置了"海岸带陆海相互作用"研究计划，研究从流域到陆架物质通量中的生物地球化学过程及其变化、人类活动对近海环境生态的影响以及通量变化对社会经济发展的影响。其总体目标是在区域和全球尺度上确定相互作用的动力学机理、地球系统各分量的变化如何影响海岸带并改变其在全球循环中的角色，评估海岸带的未来变化如何影响人类对它的利用，以及为海岸带可持续利用和综合管理提供坚实的科学基础。

闽江是福建省最大的河流，径流量仅次于珠江，位居全国第三；流域面积约占福建全省面积的一半，流域范围内人口和工农业区众多，其河口地区又是福建省会城市福州所在地，交通和经济发达。强烈的人类活动影响通过闽江干流向下游河口三角洲和外海传递，引起诸如富营养化、赤潮、生物多样性减少、海岸侵蚀、海水入侵等一系列严重的环境和生态问题。因此，开展对闽江入海物质及其对河口地区影响的研究，对闽江河口及近海生态环境的保护、合理开发河口及近海资源具有重要的应用价值，并可为提高河口及其近海环境生态变化预测能力和海岸带开发与综合管理水平提供理论基础和科学依据，实现河口及其近海地区社会经济的可持续发展。

本书是福建省"908 专项"综合评价课题"闽江入海物质对闽江口及沿海地区的影响"等项目的主要研究成果，项目通过广泛的资料收集与现场调查，经数值模型和综合分析，初步阐明了闽江口入海淡水、泥沙、营养盐、污染物的历史变化和在河口的输移和沉积过程，以及海水沿闽江河道入侵等的特征，为河口拦门沙整治、盐水入侵防范、湿地和生物多样性保护等提供科学依据。

全书由七章组成，其中第一章由陈伟、陈坚、叶翔、余少梅撰写，第二章由陈伟、余少梅、暨卫东、林辉、林彩撰写，第三章由汤军健、陈楚汉、温生辉撰写，第四章由李东义、陈坚撰写，第五章由陈坚、徐晓晖、赖志坤撰写，第六章由汤军健、陈楚汉、温生辉、郑斌鑫撰写，第七章由陈坚撰写。图件的计算机处理及参考文献的校核工作由赖志坤、李东义等完成，全书由陈坚负责统稿。

本书在撰写过程中参考引用了大量的科技论文、著作、公报等资料，在此特向各位被引用文献的作者表示衷心的感谢！

受研究水平和时间的限制，本书仅是对闽江生态环境演变的初步探讨，本书的撰写出版，实属探索和尝试，存在不妥之处在所难免，敬请读者批评指正！

陈　坚

2014 年 10 月 30 日于厦门

目录 CONTENTS

第一章

概　况

闽江介于东经 116°23′ ~ 119°35′、北纬 25°23′ ~ 28°16′，位于我国东南沿海、台湾海峡西岸北端，是福建省最大的河流，水系总长 2872 千米，流域面积 60 992 千米^2，约占福建全省陆地面积的一半。闽江是典型的山区性河流，两岸多高山峡谷，溪流密布，流程短促，河道坡降大，河床岩石裸露，滩多流急，流经山间盆地时形成宽谷，呈串珠状展布。闽江发源于闽、浙、赣三省交界的武夷、仙霞、杉岭山脉，闽江自西北流向东南，穿过闽北、闽中丘陵，共流经 38 个县市，进入福州盆地，从长乐和连江汇入台湾海峡。

闽江以沙溪为正源，由沙溪、建溪、富屯溪三大主要支流在南平汇合后形成闽江干流。干流全长 581 千米，自南平向东经闽清、闽侯、福州市区、马尾、长乐和连江汇入台湾海峡。闽江福州段河道从淮安口被南台岛分南北两支穿过福州市区，北支称为北港，南支称为南港；南、北港到马尾合流折向北东，至亭江附近受琅岐岛阻隔再度被分为南北两支，南支经过潭头、梅花称为梅花水道，北支经过东岐、琯头，称为长门水道；北支长门水道向东再受到粗芦岛、川石岛、壶江岛的阻隔，又分为乌猪水道、熨斗水道和川石水道，最终向东汇入台湾海峡，其中，川石水道为闽江口的主要通海航道（图 1-1）。

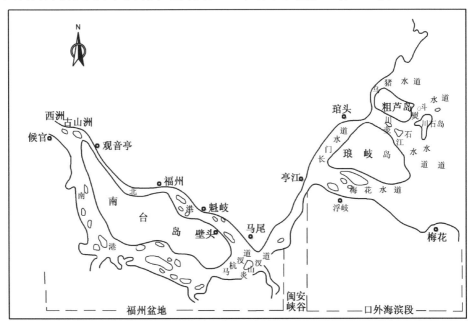

图 1-1 闽江河口位置示意图

川石水道为闽江主要入海水道，宽约 1 千米，水深相对较大，最大可超 10 米，芭蕉尾以下，与水道平行的佛手沙和铁板沙南北夹持，在平面形态上颇似水下突堤型的河口沙坝。北侧铁板沙长约 10 千米，其上有潮流冲决形成的横向串沟。南侧佛手沙长约 8 千米，其上也有潮流改造成北东—南西向的脊槽微地貌（图 1-2）。

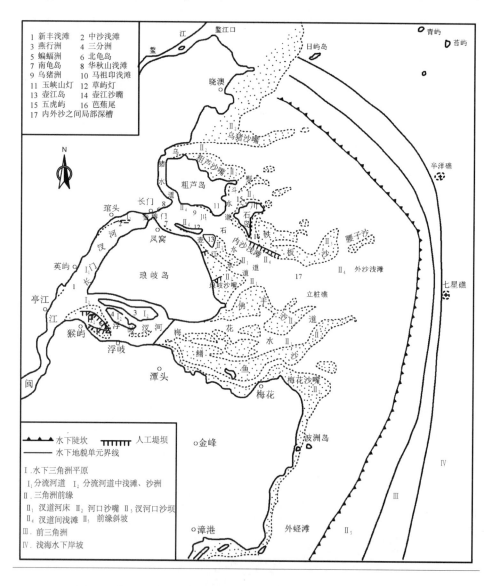

图 1-2　闽江口水下三角洲地貌特征和分带示意图（郑志凤，2000）

乌猪水道是川石水道上口的第一条汊道，两侧受山体约束，水道长 7 千米，水面狭窄，宽 300 米左右，水深多大于 5 米。北侧马行沙嘴长达 10 千米以上，宽 600~700 米，呈东西走向，由中细砂组成。南侧沙嘴不发育，为毗连粗芦岛的砂泥混合潮滩。整个乌猪水道河口沙体在平面形态上具有不对称性，在乌猪水道口外，涨落潮动力轴分歧现象十分显著，落潮槽偏北，靠近马行沙嘴；涨潮槽偏南，水深 5 米槽向口内延伸达 5 千米。

熨斗水道位于粗芦岛与川石岛之间，水道长约 3 千米，宽 200~600 米，水道内岛礁众多，水深 5 米槽贯通，但水道口门以外水深很浅，大多小于 2 米，且分布有 4 个浅于零米的河口拦门沙。

梅花水道位于闽江河口的南支，外形呈漏斗状河口湾，湾口宽 7 千米，向上游 7 千米的湾内潭头港处，河宽仅为 2 千米，收缩率为 0.71，梅花水道两侧发育淤泥质潮滩，水道内浅滩多为狭长形，较大者如佛手沙、鳝鱼沙等。潭头港以上水道弯曲，河床宽浅，洲滩鳞次栉比。壶江水道位于乌猪岛、壶江岛与琅岐岛之间，是与川石水道平行的一条小汊道。

第一节 地 质 地 貌

一、区域地质

闽江口地区位于华南加里东褶皱系东部、浙闽粤中生代火山断折带中段，在漫长的地质历史时期中经历了多次的地壳运动。燕山运动时期发生强烈构造运动，褶皱、断裂发育，形成了以长乐—诏安深大断裂为代表的北北东向断裂，奠定了本区构造的基本骨架，并沿断裂发生大规模的火山喷发和岩浆侵入活动，形成了广布于区内的中酸性火山岩和花岗岩类地层。

白垩纪末至新生代以来，地壳运动趋向缓和，岩浆侵入和火山活动渐减并消失，但构造运动始终继承和保持着原生隆起上升的特点，本区以西的武夷山脉和戴云山脉发生褶皱隆起，以东的台湾海峡发生沉降，奠定了区域地貌发育的基础。新生代特别是新近纪以来，区域转换为以断块差异升降为主的新构造运动，形成了福州断陷盆地和闽江口断陷岩岛地貌。在北东向的淮安—连江断裂与北西向的乌龙江—江田断裂之间形成相对下降的闽江口断块区域。在福州盆地和闽江口区，上升的岩块成为盆地内的丘陵或闽江口的岩岛，下降的岩块被第四系沉积物所覆盖或成为闽江口的多汊河道，经过这一系列构造活动，逐渐形成今日闽江口的地质地貌景观。

二、海岸类型

闽江是在断裂构造基础上发育而成的山溪性河流，海岸类型复杂，按成因形态和组成物质可分为山地基岩陡崖岸、滨海沙质岸、河口平原淤泥质岸和人工海岸等。

山地基岩陡崖岸主要分布于马尾以下至口门，如闽安峡谷两岸及口外的一些岩岛都可见到此类海岸，山丘迫岸，多岩石陡崖，一般崖高在数米至数十米，由花岗岩和火山岩组成，岸面不太平整，多呈锯齿状，岸前多岩礁。

滨海沙质岸多见于口门以外滨海平原岸段，以琅岐岛东岸、长乐东部海岸为典型，沿岸沙质堆积地貌发育，沙滩宽阔，沿岸风沙成带分布。

河口平原淤泥质岸与人工海岸多分布于宽阔的河口两岸，岸线低平顺直，外有宽窄不等的河口边滩和潮滩，由粉砂质黏土等细颗粒沉积物组成。沿岸多建有防洪防潮大堤，构成人工海岸，一般多为石砌坡面，大堤高 5～8 米。

三、河口地貌

闽江口河口地貌类型主要包括河口边滩/潮滩、河口沙坝/沙洲、河口河槽、拦门沙和水下沙坝等常发育于河口地区的滩地地貌和水下地貌。

1. 滩地地貌
闽江河口边滩/潮滩发育在河口河道两岸及岛屿周围的潮间带，一般宽度在几十米至几百米，口门以外的滩地宽度达千米以上，滩面平缓，坡度 $1 \times 10^{-3} \sim 3 \times 10^{-3}$。在口门以内，由于滩地高程较高，仅在高潮位时淹没，时间短、水层薄、流速小，波浪影响不大，一般沉积物较细，主要为黏土质粉砂或黏土，常有芦苇和水草生长；在口门以外，受波影响，沉积物略粗，浅水区以砂为主，深水区过渡到以粉砂为主。滩地冲淤复杂，一般高潮区滩面较为稳定，中、低潮区滩面因水动力较强流速较大，加之波浪作用，一般冲淤变化较大，滩面不稳定。

河口区河道因宽窄不同，携带泥沙进入宽阔河段和口门后，因流速顿减，大量泥沙停积，形成河口心滩、沙坝和沙洲等沙质堆积地貌，一般长数百米到数千米、宽数十米至数百米，地面较平坦，多数由粉细砂和黏土质粉砂组成。

2. 水下地貌

闽江河口河槽主要位于马尾以下的河道，口门以内的河槽相对稳定，冲淤幅度不大；历史上主泓曾发生过较大的摆动，但近年来整治工程的实施，主泓变动已基本得到控制。口门外（外沙浅滩区）河段，因水域辽阔，两侧边界控制性差，河槽形态相对宽浅，主泓有一定的摆动。近年来芭蕉尾北导堤修建后，上段的边界条件得到一定的改善，河势趋于稳定，但下段外沙河槽仍处于摆动变化中。

闽江口拦门沙主要发育于川石水道口门附近，由粉砂和黏土质粉砂组成，海底浅滩冲淤变化复杂，呈洪冲枯淤的特征，浅滩上水深 5 米以上的水道（主航道）时通时断，水深 2 米水道的宽度也时大时小，摆荡不定。

闽江口水下三角洲主要发育于闽江口外海滨，呈扇形向东南方向展布，其外缘位于马祖列岛和白犬列岛一线，长约 32 千米，宽约 20 千米。闽江口水下三角洲属中小型规模，自河口向口外海滨依次可进一步划分为水下三角洲平原、三角洲前缘和前三角洲。长门—潭头一线至外沙浅滩和外沙外缘大致为水下三角洲平原，其上可细分为分流河道和分流河道间浅滩/沙洲，主要有琅岐岛东侧海滩、北侧乌猪沙嘴、中部铁板沙和腰子沙、南侧佛手沙、鳝鱼沙和梅花沙嘴等沙质堆积体和辐射状潮汐通道系统构成，在 5 ~ 10 米等深线附近。外沙浅滩外缘至七星礁附近海域为水下三角洲前缘和前三角洲，可细分为汊道河床、河口沙嘴、汊道间浅滩、河口沙坝、前缘斜坡；向外过渡为浅海水下岸坡。水下三角洲前缘由粉砂质黏土组成，向东大致延伸至 15 米水深附近，形成纵贯南北的平坦浅滩，沉积速率较大，目前仍在发展变化之中（图 1-2）。

第二节　水文气象

一、气候

闽江口气候为亚热带海洋性季风气候，全年温暖湿润，雨量充沛。以福州为代表，多年平均气温为 19.7 ℃，最冷的 1 月平均气温为 10.6 ℃，最热的 7 月平均气温为 28.8 ℃，极端最低气温一般 3℃左右，极值 –2.5℃，极端最高气温 37 ~ 38℃，极值 41.9℃。气温年较差多在 18 ~ 19 ℃，日较差多年平均值为 6 ~ 10 ℃，年日照时数 1755.4 小时。年平均降水量 1342 毫米，集中在每年的 3 ~ 9 月；降水的年际变化较为显著，最多年降水量为最少年降水量的 1.7 ~ 2.8 倍，年降水相对变率为 10% ~ 17%，各月的降水变率较大。

闽江口夏季多东南风，冬季以东北风为主，常风向为北北东向，强风向为北东向，每年 8 月和 9 月台风频繁。以福州为代表，常年主导风向为东南风，频率为 14.3%；其次为西北风，频率为 9.15%；静风频率为 21.8%。年平均风速 2.8 米/秒，最大风速为 31.7 米/秒。闽江口外终年大部分时间刮"向岸风"，强风向和主风向均为北东向，风力大，频率高，川石站 6 级及以上风的天数年平均 112 天、马祖站 6 级及以上风的天数年平均 167 天。

二、潮汐和潮流

闽江口位于台湾海峡西北部，潮波主要来自于东北方向，由于地转偏向力及海峡地形效应的作用，闽江口是我国强潮区之一。多年资料也表明，闽江口潮差较大，河口梅花站的最大潮差曾经达到7.04米，河口以内潮差向上迅速递减。

1. 潮汐和潮流

我国通常用 K_1、O_1 两日分潮的振幅之和与半日分潮 M_2 振幅的比值来划分潮汐类型，闽江口该比值为 0.169～0.251，小于0.5，属于正规半日潮。从分潮振幅来看，半日分潮占绝对优势，其中 M_2 分潮最大，起主导作用。外海潮波传入闽江口后，因水深变浅，浅水分潮不断加强，M_4 和 M_2 分潮振幅比值不断增大，口内潮波类型变为非正规半日浅海潮（表1-1）。

表1-1　各临时潮位站 K_1、O_1 两日分潮的振幅之和与半日分潮 M_2 振幅的比值

年份	白岩潭	琯头	定海	川石	梅花
2005	0.28	0.27	0.30	0.28	0.27
2006	0.31	0.29	0.31	0.28	0.29

2005～2006年，在闽江河口附近的白岩潭、琯头、定海、川石和梅花等处设立了5个临时验潮站，各站的各个分潮的振幅值由海向闽江上游逐渐减小，各分潮迟角由海向闽江上游呈顺时针变动趋势。各站的平均潮位从闽江上游往下至海逐渐减小，位置越靠下游的站，其最高及最低潮出现时间越早。

海区潮差较大，潮差从上游往下至海逐渐增大（表1-2）。潮差夏季大于冬季，夏季的最高潮位比冬季高16～59厘米，相差最大的为梅花站，夏季较冬季高59厘米；白岩潭站、琯头站、川石站最低潮位，夏季较冬季低3～24厘米，而梅花站、定海站冬季较夏季低9～34厘米。潮差最大的定海站，夏季潮差640厘米、冬季潮差621厘米。

表1-2　河口段主要水文站多年平均潮差

站名	梅花	琯头	白岩潭	峡南	螺州	桥下	桥上	文山里
距河口/千米	0	11.4	35	46	51	51.4	51.5	61
平均潮差/米	4.46	4.10	4.00	3.46	3.02	1.78	1.53	0.40

海区 M_2、S_2 分潮的椭圆率均在0.1以下，潮流基本上呈往复流性质，口门内潮流的涨落及方向基本与河槽线一致。河口段的涨落潮过程是以落潮—落潮流和涨潮—涨潮流为主要阶段，尤其在大潮期间，涨潮—落潮流和落潮

—涨潮流几乎不出现；而在小潮时，即使出现也只有 1 小时左右。涨潮时一般是底层和边滩先涨，表层和中泓迟后，落潮时则相反。外海潮波进入闽江口以后，因水深变浅，潮波在河口传播过程中逐渐变形，落潮流历时大于涨潮流历时。

最大流速出现在中潮位附近，转流出现在高、低潮位附近，这种特性一直延伸到马江站和清凉站等处。涨潮流速略大于落潮流速，据 1984 年 4 月和 6 月水文测验，川石水道实测垂线平均落潮流速大于 0.65 米/秒，最大流速达 2.35 米/秒；熨斗水道最大落潮流速大于 2 米/秒；罗星塔断面涨潮平均流速为 0.68 米/秒，落潮平均流速为 0.67 米/秒，最大涨潮流速为 1.73 米/秒，最大落潮流速为 1.68 米/秒。

2. 潮区界和潮流界

不同的河口，潮区界及潮流界的长度差异很大。闽江口虽然受到强潮的作用，口门的潮差比较大，但感潮河段却并不长，仅约 80 千米。而同样受到强潮作用的长江，在 900 多千米长的下游干流里，有 700 余千米受潮汐影响（李佳，2004）。

一般认为枯季大潮时潮区界在侯官附近，北港潮流界至文山里，南港潮流界至科贡；中水时潮流界在魁岐至马江之间；洪季小潮时，潮区界至解放大桥附近，潮流界至马尾附近。竹岐流量超过 13 000 米³/秒以上时，罗星塔断面就无潮汐向上游推进。最近的研究也指出，闽江口潮区界潮流界有上延的趋势，已经上延到达竹岐附近。河口区北港河道不断在刷深，坡降变化导致河口潮汐波不断向上游延伸。

3. 纳潮量

河口的平均涨潮流量为 15 600 米³/秒（刘修德，2009），进入梅花水道的平均潮流量为 9432 米³/秒，径流量与进潮量的比率为 0.06。马尾港以上南港河段长度和宽度比北港大，进潮量较北港大。南港和北港进潮量分别为 9437.9×10⁴米³/秒和 4857.3×10⁴米³/秒，南港占 66.02%，北港占 33.98%（表 1-3）。

表1-3 闽江主要断面涨落潮量 （单位：$\times 10^8$米^3/秒）

	罗星塔断面	亭江断面	英屿断面	熨斗断面	川石断面
涨潮量	1.325	1.119	1.489	0.190	0.762
落潮量	2.185	2.558	1.921	0.831	1.136

近年来由于人类活动的影响，河床不断刷深，闽江河口的纳潮量有增大的趋势。据竹岐站和文山里站逐年的水位-断面面积关系曲线，统计同水位断面面积变化，推算1993～2005年两站河床平均刷深达8.26～8.35米和1.85～2.04米（表1-4）。1993～2005年由竹岐水文站基本水尺大断面中距起点380米处的最大刷深达14.1米（江传捷，2006）。

表1-4 闽江竹岐水文站、北港文山里水文站同水位断面面积变化

水文站	水位/米	断面面积/米^2			河宽/米	平均刷深/米
		1993年	1998年	2005年		
竹岐	5.0	1 420	1 560	6 440	608	8.26
	6.0	1 980	2 140	7 040	612	8.27
	7.0	2 560	2 750	7 680	618	8.28
	8.0	3 170	3 380	8 360	621	8.35
文山里	5.0	1 410	1 640	1 790	186	2.04
	6.0	1 590	1 830	1 970	189	2.01
	7.0	1 790	2 020	2 160	192	1.93
	8.0	2 000	2 210	2 360	195	1.85

4. 余流

闽江口地形复杂，各水道潮波干涉，致使各地的水流状况差异较大，但各地点的流向都近似与河岸平行。口门以外的水流运动，受地形约束作用减弱，流向几乎遍及360度，具有旋转流的特点。余流主要来自闽江径流，在地形比较复杂的地点，潮汐环流也是组成余流的主要成分。例如，口门附近的芭蕉尾与沙烽角之间由于口门宽阔，两岸水位往往出现差异，因而产生涨潮时向南，落潮时向北的横向流动。此外，在大风季节，风生环流也很显著。

1986年6月（洪水期）和10月（枯水期）的实测资料表明，洪水期的余流流速一般远大于枯水期，流速沿程变化不明显，闽安附近、长门附近等河道狭窄的河段以及内沙和外沙等余流流速最大。1986年夏季洪水大潮期间，内沙和外沙的表层余流流速分别达80厘米/秒和71厘米/秒。表层最大，底层最小，

流速由表层至中层迅速减小，由中层至底层的减率相对上层较缓。洪水期间尤其明显，上层流均是流向外海。1986 年枯水季节，外沙、内沙以及几个入海口附近底层流一般由外海向上游流（图 1-3，图 1-4）。

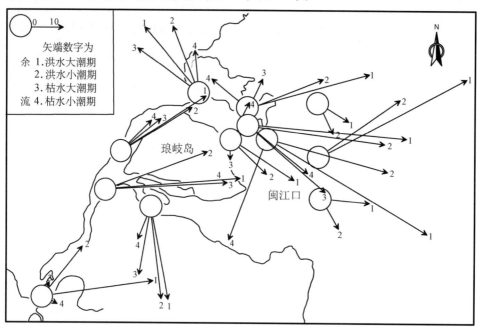

图 1-3　1986 年水文调查实测表层余流示意图（单位：厘米/秒）

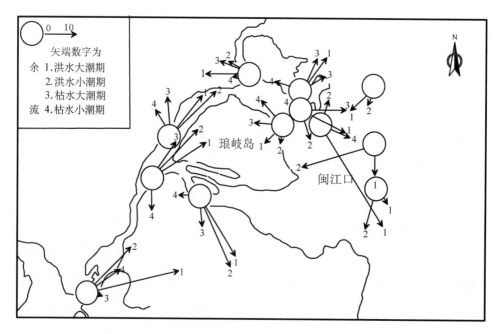

图 1-4　1986 年水文调查实测底层余流示意图（单位：厘米/秒）

三、波浪

　　闽江口的波浪类型为风浪和涌浪同时存在的混合浪，浪向分布与强风向分布接近，为北东向。东南东方向是涌浪集中方向，也是登陆台风所产生的台风长浪传入的方向。

　　闽江口外，海面宽阔，风浪显著。外围岛屿多年平均波高为 1.0～1.5 米，年平均波高变幅仅 0.1～0.2 米；多年平均周期为 4.2～5.9 秒，由于受季风影响，秋、冬两季盛行北东向风浪，风浪频率可达 60% 以上；夏季以南西向浪为主。涌浪向一般为东北东—南南东，频率随季节变化。

　　梅花浅滩海域为福建省"八大浪区"之一，从沙峰角向东北延伸，全年多为北—东北风。当寒潮侵袭时，最大风力可达 8 级以上，当刮西北—东北大风时，梅花浅滩附近风浪很大，6 级以上的偏北风，能激起浪高 4～5 米的击岸开花巨浪。沿岸常浪向为北东—北北东，频率一般在 50% 以上。口门附近平均波高为 0.8 米。

　　闽江口内受川石、壶江、粗芦等岛掩护，波浪较小，长门口内基本不受海浪影响。由于河道弯曲、狭窄，且河道的走向与外段的河槽走向有较大的差别，不容易受闽江口外大风浪的影响，闽江口内波浪的成分几乎都是当地水域生成的小风区风成浪。

四、盐水楔

　　闽江河口洪季盐水楔是闽江河口的一个重要的特征，是潮流入侵河口的产物。盐水楔入侵使河口区盐度升高并缩短提取合格水的时间，影响河口区淡水资源；盐水楔活动使得闽江口存在淡水、冲淡水、高盐海水三种不同属性的水体，三种水体临界的锋面上水文环流复杂。这些水体和锋面每日在河口徘徊、游弋，使河口悬移质活跃、生物群落趋于复杂。盐水楔的活动还可将河水携带至河口的沉积物重新搬运到河口内沉积。

据观测，当岐口站径流量大于 2500 米³/秒 时，闽江口川石水道口门盐淡水出现分层；径流量为 600～2500 米³/秒时，出现部分混合；径流量小于 600 米³/秒时，则出现高度混合。据此推算，川石水道河口盐淡水混合类型年内出现概率分别为：部分混合占 68%，分层占 20%，高度混合占 12%，即在一年中的绝大部分时间里，川石水道常年存在盐水楔异重流。据潘定安和沈焕庭（1993）的研究，闽江口盐水楔的形成过程可以分为以下几个阶段。

形成阶段：闽江口虽是强潮河口，但在洪季丰沛的径流足以抗衡涨潮流，涨潮流入河口过程中顶托丰沛的外泄径流，盐水异重流必须克服强大径流反压以及界面切变冲击。相互抗衡的结果，盐水楔开始形成并入侵河口，形成阶段盐水楔的形态相对短促，倾角较大（图 1-5，图 1-6）。

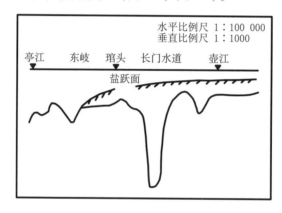

图 1-5　闽江河口洪季大潮盐水楔（俞鸣同，1998）

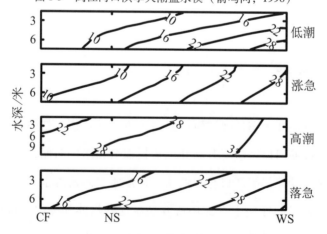

图 1-6　闽江河口洪季垂向剖面盐度分布图（季杜鑫等，2007）

图中 CF、NS、WS 分别为川壶、内沙、外沙

扩散阶段：在高潮时，河口盐度接近鼎盛时的数量级，水下盐跃面开始消失，盐度有趋于上下均匀的趋势，盐水楔呈扩散状态。闽江口为驻波河口，潮汐过程中憩流发生在高潮时，此时河口层流消失，紊流活动加剧，因而下部盐水异重流迅速向上扩散混合，加强了上部水体盐度而减弱了底部水体盐度，上下盐度趋向均匀，盐水楔向上扩散。

鼎盛阶段：盐水楔靠惯性继续向河口内推进，达鼎盛状态。此时河口开始退潮，下泄径流重新对盐水异重流反压以及界面上切变冲击，盐水楔活动达到延伸范围的最大值、垂面盐度最大值以及形态上的最完善。

消退阶段：河口落潮流速增强。盐水楔在强大落潮流驱动下被迫退出河口，形态又复原为形成阶段的初始状态。

五、风暴潮

每年的 7～9 月为闽江口热带风暴季节，1955～1980 年，共有 149 个强热带风暴登陆或影响本地区，其中强热带风暴登陆 1 次。

闽江口是福建省台风暴潮增水的多发区和严重区，其中以马尾港最为严重，长乐市的梅花港次之。据白岩潭（马尾港）站 1956～1980 年实测台风暴潮增水资料统计，台风暴潮曾出现过 1 米以上增水 37 次，超过 2 米以上的增水 3 次，台风最大绝对增水值 2.52 米，居福建省台风增水首位。

第三节　径流与泥沙

一、径流

闽江为山溪性河流，流量丰富，仅次于长江和珠江，居全国第三位。根据竹岐水文站 1934～2003 年实测资料（表1-5），闽江多年平均径流量为 548.7 亿米^3，最大年径流量为 858.7 亿米^3（1998 年），最小年径流量为 268 亿米^3（1971 年），实测最大洪峰流量为 33 800 米^3/秒（1998 年 6 月 23 日），次大洪峰流量为 30 300 米^3/秒（1992 年 7 月 7 日），最小流量为 196 米^3/秒（1971 年 8 月 30 日）（林勇，2004），洪峰一般出现在 6 月和 7 月。按频率计算，竹岐站百年一遇洪峰流量为 35 600 米^3/秒，五十年一遇洪峰流量为 32 800 米^3/秒。闽江径流年内来水量分配不均，其中 5 月、6 月、7 月三个月的来水量约占全年的 50%，10 月至翌年 2 月的来水量仅占 17.7%（表1-6）。

表1-5　1934～2003 年竹岐站水沙观测数据统计

时间	年平均流量/（米^3/秒）	年平均径流量/×10^{8}米^3
1934～1970 年	1 777	560.9
1971～1989 年	1 659	523.4
1990～1997 年	1 665	524.8
1934～1997 年	1 728	545.3
1998～2003 年	1 877	592.3

表1-6　闽江径流年内流量与径流量

月份	1	2	3	4	5	6	7	8	9	10	11	12
流量/（米^3/秒）	616	936	1 660	2 420	2 530	4 520	2 180	1 470	1 270	873	686	592
径流量/10^8 米^3	16.5	22.8	44.5	62.2	94.6	117	58.4	39.4	32.9	23.3	17.8	15.9
占全年比例/%	3.0	4.2	8.1	11.5	17.3	21.5	10.7	7.2	6.0	4.3	3.3	2.9

二、泥沙

闽江水量丰富、但含沙量少，且具有洪枯流量悬殊、山溪性河流特征明显的特点，其来水来沙主要是在河口以上地区，其次是汇入河口区的支流大漳溪、溪源宫溪、新店溪等。

闽江含沙量最大时为 2.69 千克/米^3（张学梓，2005），多年平均含沙量为 0.13 千克/米^3，平均年输沙量为 738 万吨，最大年输沙量为 2000 万吨。水沙变化有明显的季节性，汛期一般在 4 月～7 月，枯期一般在 10 月至翌年 2 月，汛期径流量占全年的 61.6%，输沙量占全年的 82.2%，径流量大则输沙量大，如 1962 年洪峰流量为 27 000 米³/秒，输沙量为 2000 万吨。

1994 年，水口水库上游建溪、富屯溪、沙溪和尤溪水文站的实测悬移质年平均含沙量为 0.131 千克/米³，而水口水库下游竹岐水文站的实测悬移质年平均含沙量为 0.068 千克/米³，减少 48%，即有大量的泥沙淤积在库区，同时，建库后下游悬移质粒径也和建库前有很大的不同。

闽江口含沙量的特点为南港大、北港小，河道越往下游，含沙量越大。梅花水道分沙比分别为 29.2% 和 21.9%。相应地，琯头水道分沙比分别为 70.8% 和 78.1%，英屿断面平均含沙量为 0.153 千克/米³，浮岐断面平均含沙量为 0.177 千克/米³。熨斗水道分沙比为 30.3% 和 27.96%，川石水道分沙比分别为 38.7% 和 43.7%。熨斗水道平均含沙量为 0.19 千克/米³，内沙内段平均含沙量为 0.21 千克/米³。

闽江底沙粒度分布具有河流向海逐渐变细的趋势（刘修德，2009），福州以上以粗砂为主，并含有少量细砾石，d_{50}（中值粒径）大于 0.5 毫米；福州至河口以中砂为主，d_{50} 小于 0.5 毫米；琯头以下以细砂为主，其中泥质含量逐渐增高，d_{50} 一般小于 0.25 毫米；到 5 米等深线以外的海域，则属粉砂和淤泥，d_{50} 小于 0.032 毫米。

据 2005 年 10 月（秋季）和 2006 年 4 月（春季）开展的 7 个悬浮泥沙观测站的实测资料统计：测区的平均含沙量为 0.120 千克/米³，其中秋季航次平均含沙量为 0.138 千克/米³，春季航次平均含沙量为 0.103 千克/米³。含沙量一般为秋季平均含沙量高，春季平均含沙量低。秋、春季两个航次（大、小潮周期）中，含沙量均为底层含沙量大、表层含沙量小，自表层向底层递增。秋季航次各站表、底层大潮平均含沙量比值为 1:2.7，小潮为 1:3.8；春季航次各站表、底层大潮平均含沙量比值为 1:2.0，小潮为 1:2.2。秋季航次测区各站平均含沙量大、小潮期依次减小，含沙量大潮期明显高于小潮期，平均含沙量分别是 0.177 千克/米³、0.098 千克/米³，比值为 1.81:1。春季航次测区各站平均含沙量大、小潮分别是 0.135 千克/米³、0.072 千克/米³，比值为 1.88:1。

第四节　海洋环境状况

一、历史海洋环境状况

1986 年，闽江口水体溶解氧含量为 354～499μmol/L（表1-7），属于充氧水体的正常含量范围。活性磷酸盐含量为 0.35～2.79μmol/L，总平均值为 0.88μmol/L。硝酸氮含量为 0.12～88.3μmol/L，亚硝酸氮和铵氮和的含量分别为 0.16～2.46μmol/L 和 0.60～12.2μmol/L（中国海湾志编撰委员会，1998）。水体中各种溶解态重金属的含量均很低，无受到污染的明显迹象。除了铜之外，其他重金属均有非保守行为的现象，尤以镉为突出。水体中化学耗氧量、挥发性酚、油类、六六六和 DDT 的含量一般均较小，但个别海水样油类含量已超过一类海水水质标准。

表 1-7　闽江口水化学要素含量统计

月份	内容		O_2 含量/(μmol/L)	O_2/%	pH	PO_4-P 含量/(μmol/L)	SiO_3-Si 含量/(μmol/L)	NO_3-N 含量/(μmol/L)	NO_2-N 含量/(μmol/L)	NH_4-N 含量/(μmol/L)
6	大面站	最大值	477	106	8.28	0.83	162	49.7	1.64	7.23
		最小值	354	78.1	6.91	0.35	16.2	0.12	0.44	1.08
		平均值	420	91.3	7.84	0.52	91.5	22.3	0.94	3.14
	连续站	最大值	485	95.6	6.69	0.92	207	52.2	1.02	12.2
		最小值	420	83.9	6.15	0.60	164	30.8	0.38	2.67
		平均值	452	89.0	6.35	0.72	178	35.7	0.62	8.16
10	大面站	最大值	499	96.7	8.20	1.62	209	79.4	2.46	7.86
		最小值	437	82.2	7.34	0.48	16.4	4.74	0.16	0.60
		平均值	461	90.4	7.90	0.88	99.4	35.0	1.00	1.96
	连续站	最大值	496	90.4	7.94	2.79	210	88.3	1.84	4.38
		最小值	432	79.6	7.12	0.72	103	43.8	0.26	0.83
		平均值	462	85.0	752	1.27	166	73.8	0.82	2.29

资料来源：《中国海湾志第十四分册（重要河口）》，中国海湾志编撰委员会，1998

闽江口水质状况基本良好，河口区水体富氧，各种营养盐来源较丰富，除溶解态重金属含量汞略有超标外，其他元素的含量较少超过一类海水水质标准，其他污染物指标也较少超过一类海水水质标准。闽江流域所接纳的污染物尚未对闽江口水质造成较大的影响。人类活动对闽江口的水质状况影响，主要体现在化学需氧量已有部分超过二类海水水质标准。

二、近年海洋环境状况

根据 2002 年《福建省海洋环境质量公报》和 2003～2012 年的《福建省海洋环境状况公报》。2002 年闽江口海域为轻度污染海域，主要污染物为无机氮，生物体仅贝类体内粪大肠杆菌超标，海水中的汞和较清洁海水中的汞含量相比偏高。2004 年，闽江口局部海域海水中活性磷酸盐和石油类含量超标。2005 年，闽江口局部呈中度污染，主要污染物为活性磷酸盐、硫化物和石油类，沉积物中硫化物和石油类含量超一类海洋沉积物质量标准，缢蛏中镉残留量超一类海洋生物体质量标准。2007 年，闽江口局部为中度和严重污染污染海域，主要污染物为无机氮和活性磷酸盐。2009 年，闽江口局部为中度和严重污染海域，相比 2007 年严重污染海域分布面积明显增大，主要污染物为无机氮、活性磷酸盐和石油类。2011 年，闽江口局部海域为第三类、第四类和劣四类海水水质区，主要污染物为无机氮和活性磷酸盐，其中第一季度约一半海域为劣四类和第四类海水；第二季度超过 80% 为劣四类海水，有少量第二类和第三类海水；第三季度约 40% 海域为劣四类海水，约 30% 海域是第一类海水，污染年内最轻；第四季度全部为劣四类和第四类海水，劣四类海水约占 80%，污染最重。

2000 年，洪丽玉、洪华生和徐立等研究了闽江口—马祖海域表层沉积物及沿岸养殖区生物体中 Cu、Pb、Zn 和 Cd 的含量分布，与 20 世纪 90 年代海岛调查时相比，Zn、Cd 基本持平，Cu 略有增加，Pb 有所下降。2003 年阮金山等认为，闽江口附近海域养殖的褶牡蛎体内 Zn 和 Cd 的含量明显高于其他养殖区，与福州市工业废水和生活污水的影响有关。陈伟琪等（2001）发现，1995～1996 年采集的闽江口沿岸经济贝类中持久性有机氯农药和多氯联苯的残留水平较低，但 DDTs 明显较高。2004 年，薛秀玲和袁东星等发现闽江口缢蛏和牡蛎养殖贝类体内有机磷农药敌敌畏、甲胺磷和有机氯农药 DDT 的检出率较高，但含量均符合食用卫生标准。

2005 年 10 月和 2006 年 4 月闽江口生物质量监测与评价结果显示，闽江口生物体中，Cu、Zn、Hg、六六六、DDT、多氯联苯（PCB）和赤潮毒素（DSP、PSP）含量满足一类海洋生物体质量标准。As、Pb、Cr 含量在不同生物体中存在不同程度地超一类海洋生物质量标准的现象，其中 Pb 含量超标稍重。表明闽江口海洋生物质量受到轻度的污染（余兴光等，2008）。

近年来，闽江口海域有机氮和活性磷酸盐污染严重，与闽江输入污染物增高有关，2005 年达到最高，近年有所下降，其中氮下降最为明显。污染物中，COD 为最主要的污染物，其次为无机氮，再次为重金属和石油类。闽江携带大量氮、磷污染物入海是造成闽江口及其周边海域氮、磷超标的主要因素（表 1-8）。

表 1-8　近年来闽江入海污染物总量　　　　　　　（单位：吨）

年份	COD	氮磷/营养盐*	油类	重金属	砷
2002	90 000	12 090	2 810	2 439	43
2003	172 335	20 970	7 755	2 530	162
2004	132 031	122 761	6 414	14 616	70
2005	911 966	14 909	8 666	2 511	85
2006	819 311	13 349	7 132	616	
2007	580 687	46 929	6 997	2 277	59
2008	805 227	37 732	3 398	3 106	17
2009	966 238	19 927	2 369	2 863	73
2010	614 807	24 332	1 341	820	
2011	896 248	27 944	1 399	2 424	70
2012	813 944	80 649	954	1 833.8	39.9

＊ 2002 年氮磷分开统计；2003 年未统计磷；2010 年氮磷用营养盐表示、重金属包含砷；2012 年的氮磷含量以总氮总磷表示

三、近年赤潮发生情况

据《2002 年福建省海洋环境质量公报》和 2003～2012 年的《福建省海洋环境状况公报》，闽江口及其附近海域发生赤潮的情况如下。

2002 年 5 月和 6 月先后在连江黄岐半岛海域、连江近岸海域发生面积 30

千米^2 和 200 千米^2 的赤潮。前者影响鲍鱼养殖面积 15 公顷，损失 40 万元；后者影响贝类养殖面积 3400 公顷，损失 150 万元。

2003 年 5 月 20 日～6 月 24 日，在闽江口发生了严重的赤潮灾害，赤潮最初发生在连江县的黄岐半岛附近海域，主要赤潮藻种类为夜光藻，维持了六七天，后转以裸甲藻为优势种，随后赤潮逐渐蔓延，扩大到敖江口周边海域与罗源湾，赤潮面积达 180 千米^2，时间持续了 35 天。赤潮造成海区养殖的鲍鱼大面积死亡，直接经济损失达 3000 万元。

2007 年在平潭沿岸海域发生 1 起有毒赤潮事件，造成养殖鱼类损失 50 吨、鲍鱼约 100 万粒，直接经济损失 500 多万元。2008 年闽江口发生赤潮 2 起，分别在黄岐半岛和平潭岛沿岸。

2009 年 5 月 23 日～5 月 24 日，平潭龙王头海域发生夜光藻赤潮，造成了养殖鲍鱼和鱼类的大量死亡。5 月、8 月和 9 月又在黄岐半岛发生赤潮。

2010 年 5 月 5 日，长乐松下镇附近到至平潭沿岸海域发生赤潮，面积约 380 千米^2，其中，平潭赤潮总面积约 15 千米^2，分布在龙王头海水浴场海域、流水码头附近海域、苏澳码头附近海域，水颜色明显异常，整片呈浅褐色向外延伸，个别湾内海水呈暗红色。赤潮生物优势种为无毒种，未发现对养殖生产等造成影响。

第五节　主要的开发活动

福建沿海人民向海要地增粮具有悠久的历史，围海造地自秦汉开始，唐朝已有较大规模的围塘工程。统计表明，新中国成立以来至 1994 年年底，全省建成大小围垦工程 930 处，总面积 121.67 万亩[①]。福州沿海滩涂资源丰富，闽江口一带长乐、连江、马尾区等沿海县区，为了扩大耕地面积、养殖与港口经济的发展等，陆续有围垦工程启动（表 1-9）。

---

① 1 亩 ≈ 666.7 米^2。

表1-9　闽江口地区历史性围垦情况汇总表

工程名称	位置	建成时间	围垦面积/亩	围垦后用途
亭江围垦	亭江	1955 年	10 100	农业为主
南屿、南通、义序等	南港南北两岸	1990 年以前	—	耕地、种植业
浦下、建新、鳌峰洲等	北港南北两岸	1990 年以前	—	耕地、种植业
魁岐围垦	魁岐—块洲	1973 年	2 700	农业、建设
蝙蝠洲、三分洲、雁行洲	梅花水道	1990 年以前	3 100	耕地、种植业
鳌峰洲围垦沿江部分	北港	1990 年以前	—	鳌峰洲港口工业区
青洲围垦	马尾	1990 年以前	3 200	农业、工业、港口
快安围垦	马尾	1990 年以前	—	快安开发区
金砂围垦	金沙	1961 年	4 300	水产养殖
云龙围垦	琅岐	1991 年	2 040	水产养殖
道沃	连江县	1980 年	1 100	水产养殖
百胜	连江县	1990 年以前	330	水产养殖
晓澳围垦	连江县	在建	3 100	水产养殖

　　闽江干流及沙溪、建溪、富屯溪三大支流，自1970年以来陆续建设了安砂水库、池塘水库、沙溪口水库、水口水库等，其中水口水库是闽江流域最大的水库（表1-10）。

表1-10　闽江干支流水库建设情况表

水库名称	建成/蓄水年份	建坝位置	集水面积/千米^2	蓄水量/×10^{8}米^3
安砂	1978	沙溪	5 184	6.40
池潭	1980	富屯溪支流金溪	4 766	7.00
沙溪口	1988	富屯溪与沙溪汇合处	25 562	1.64
水口	1993	闽江中下游	52 438	26.00

　　闽江从20世纪70年代就开始大量采砂，据不完全调查，闽江航运公司1974～1988年采砂量共334万米^3、年均约59万吨；福州水运公司1979～1988年采砂量为550万立方米（其中卵石占356万立方米），年均约162万吨；此外，个体户采砂量约每年265万吨。随着经济的发展，90年代采砂量进一步增加，1993～1996年采砂量为1475万吨，年均约368.8万吨，以满足市场和出口需求（表1-11）。

表1-11　近年闽江南、北港采沙量情况表　　　（单位：万吨）

年份	洪山桥—解放桥	解放桥—魁岐	魁岐以下	湾边以上	湾边以下	合计
1993	81.5	37.5	313.5	12.5	39.5	484.5
1994	93.0	52.5	28.5	21.0	37.5	232.5
1995	62.5	37.5	28.5	12.5	37.5	178.5
1996	9.5	98.0	131.0	160.5	180.5	579.5

第二章

闽江口海域温盐与营养盐季节变化

根据"908 专项"总体安排，2006～2007 年在台湾海峡开展了四个季节的海洋气象与物理海洋、海洋化学和海洋生物调查，站位位置如图 2-1 所示。调查时间为 2006 年 7 月底、2007 年 12 月底、2007 年 1 月中旬和 2007 年 4 月中旬，分别代表海域夏季、秋季、冬季和春季的海洋状况。以下分别就闽江口及其附近海域的温盐和营养盐的季节变化及对海洋生态系统的影响开展初步分析。

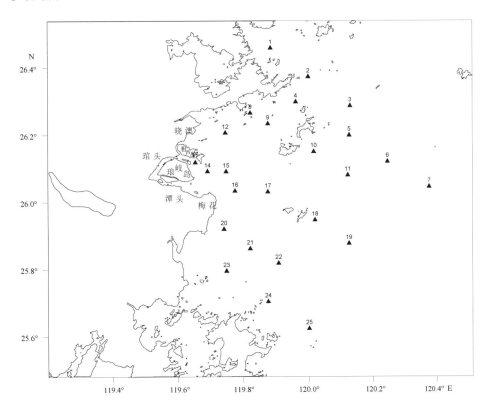

图 2-1　站位示意图

第一节　海水温度和盐度

一、平面分布

如图2-2～图2-5所示，春季，闽江口一带温度与周边海域的温度差异不大，为22℃左右；盐度与周边海域的盐度差别不大，为32左右。夏季时，闽江口一带温度比周边海域的温度高，为27℃以上；盐度明显比周边海域的盐度低，为30以下，局部的盐度甚至不及20。秋季时，闽江口外较大范围的海域温度都较低，为16℃左右。冬季时，闽江口外较大片的海域温度也都较低，为16℃左右。秋、冬季闽江口外沿海岸线为类长条状低盐的闽浙沿岸流，盐度小于30。

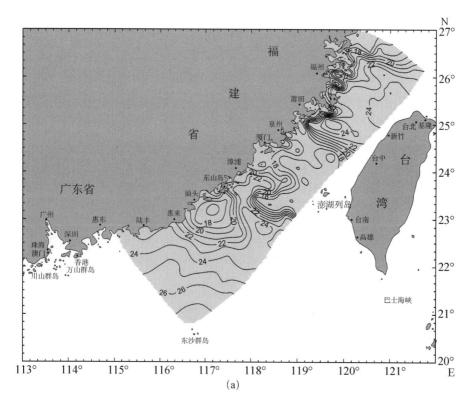

(a)

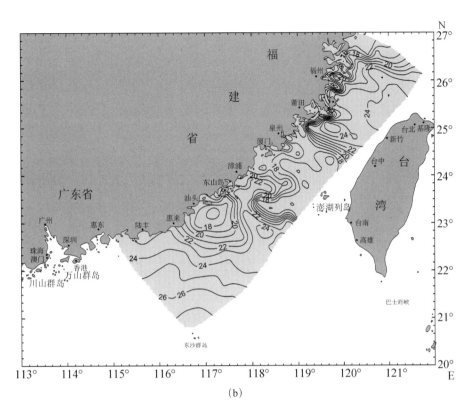

图 2-2　台湾海峡及粤东海域春季 5 米层温度（a）和盐度（b）分布示意图

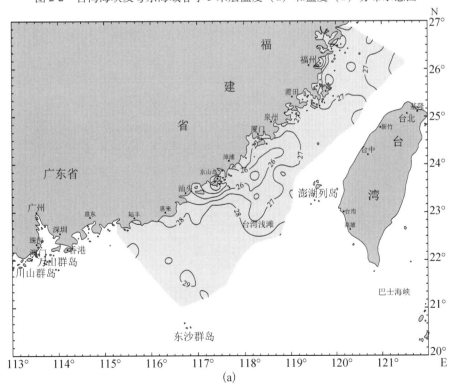

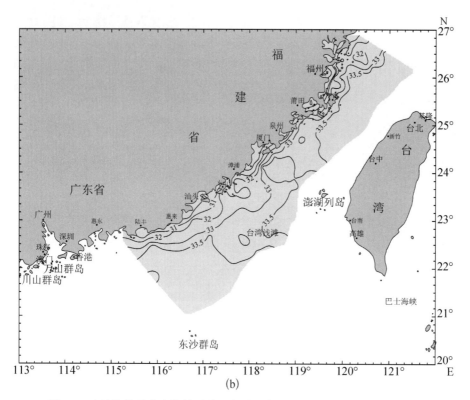

(b)

图 2-3　台湾海峡及粤东海域夏季 5 米层温度（a）和盐度（b）分布示意图

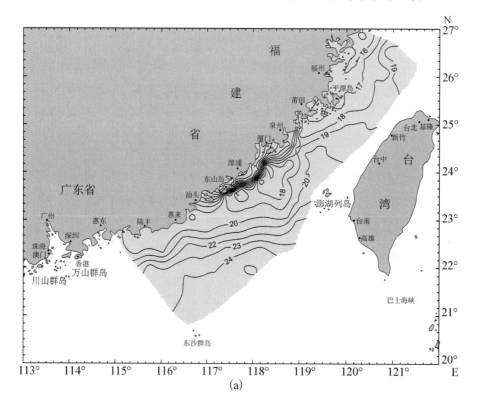

(a)

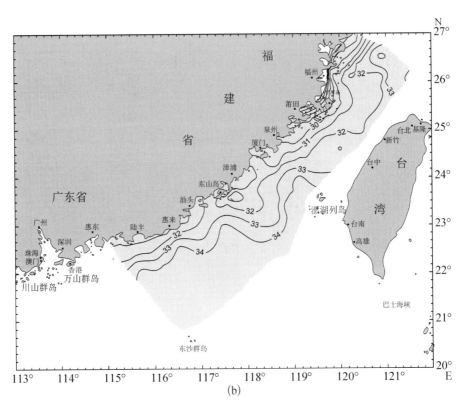

图2-4　台湾海峡及粤东海域秋季5米层温度（a）和盐度（b）分布示意图

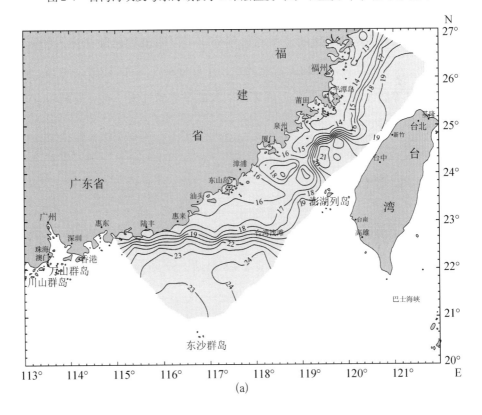

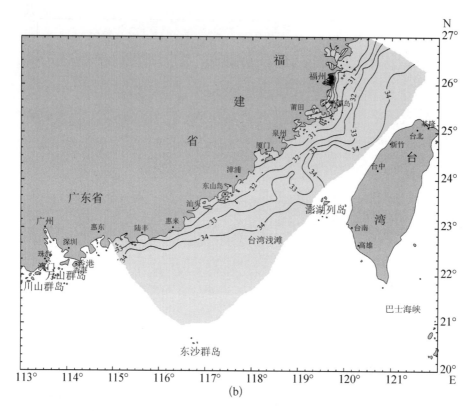

图 2-5　台湾海峡及粤东海域冬季 5 米层温度（a）和盐度（b）分布示意图

四个季节中，夏季水域的温度和盐度分布可以明显看出闽江注入的影响，河流入海带入了较高温度和较低盐度的水，主要分布在闽江口外较小的范围内。冬季以 17℃ 等温线和 33.5 等盐度线表征浙闽沿岸流的外缘，可见浙闽沿岸流向南伸展至广东汕头外海一带。

二、垂直分布

按照调查站位置，设置 S1、S2、S3 三个断面分析闽江口海域海水温度盐度垂直分布的季节变化，其中 S1 断面含 1~8 号站，S2 断面含 9~17 号站，S3 断面含 18~25 号站（图 2-6）。

夏季观测海区水温垂直分布一般表现为表层平均水温和底层平均水温相似；冬季的水温垂直分布特征一般表现为表层平均水温略高于底层平均水温，在 4 号、5 号、6 号、7 号站位更为明显一些。由于观测海区水深较浅，无论冬夏水温的垂直变化都较小，表底层温差小于 0.5 ℃。

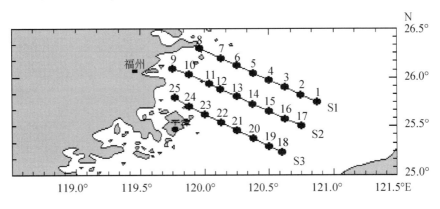

图 2-6　闽江口外调查断面位置示意图

1. 春季

春季，闽江口的温度逐渐回升，比冬季回升了 2～3℃。S1 断面的 2、3 号站出现较强的盐度锋，在 3～5 号站的 20 米水深处出现温跃层；近岸的 7 号站是局部的冷水中心，盐度小于 32 的范围仅分布在 6、7 号站以西；外海高盐暖水沿海底向口内延伸，入海冲淡水团被涨潮的外海水所隔离（图 2-7）。

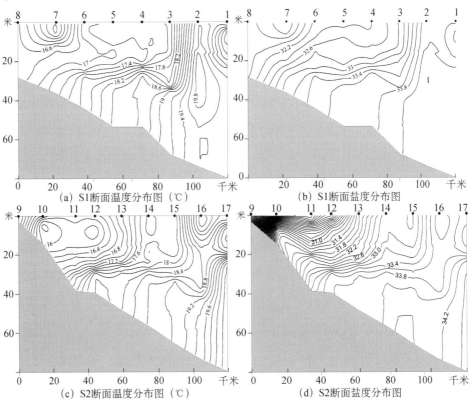

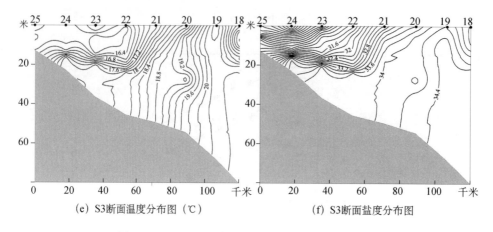

（e）S3断面温度分布图（℃）　　　　（f）S3断面盐度分布图

图2-7　S1、S2、S3断面温度和盐度分布图（春季）

S2断面15、16站25米深左右也有类似于S1断面的温盐跃层存在。受到闽江淡水的影响，10~12号站附近的温度也较低，大约为16℃，冷水范围比S1断面更大些。受到春季闽江淡水的影响，9号站附近的盐度低至15，S2断面的盐度小于32的范围比S1断面大。

S3断面向海侧垂直混合较为均匀，近岸侧表层温度低，底层温度高，20米左右有温跃层。断面盐度小于32的范围和S2断面差不多，在S3断面上没有出现S2断面出现的低盐度水体，在近岸侧盐度分布较为均匀，说明经与外海水的混合，近岸侧盐度略有升高。

如以盐度低于31为特征表征闽江冲淡水，近岸冷水团和低盐水的存在显示了闽江冲淡水可影响到6、12号和22、21号之间的海域。

2. 夏季

夏季，S1断面温度为23.8~28.2℃，表层温度较高，底层较低，在5号站、6号站之间，近底层有一个冷水中心，温度低于24℃。冷水团出露海面，使得5号站东、西两侧的表层温度比5号站高。近岸处温度大于26℃，等温线较为密集。S1断面的盐度为31.3~34.2。因受淡水输入影响，近岸侧等盐度线密集，形成盐度锋。近海侧等盐度线较为稀疏，盐度较为均匀。在4号站和6号站之间底层冷水中心处，盐度较高（图2-8）。

S2断面温度为23.4~29.6℃。表层温度层化现象明显，等温线接近水平分布；在13号站的近底层有一个冷水中心，温度低于23.6℃；可以看到温度

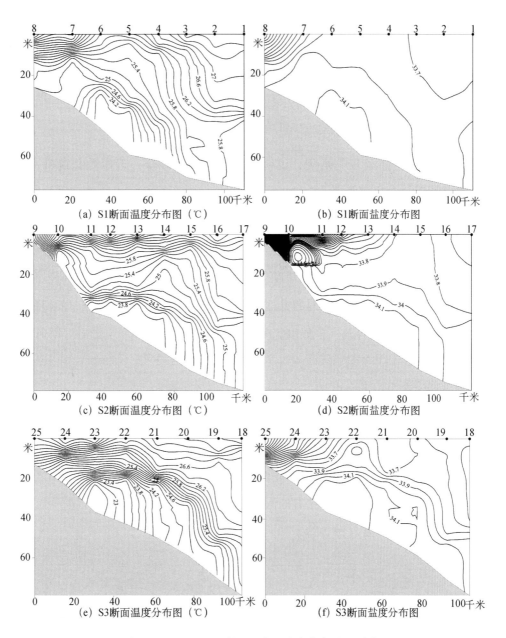

图 2-8　S1、S2、S3 断面温度和盐度分布图（夏季）

较高的闽江水占据表层，范围比 S1 断面大。断面盐度为 10 ~ 36，近岸明显看到受淡水注入的影响；近岸侧盐度可低至 10，冲淡水的影响到达 11 号站附近；在 9、10 号站附近，淡水影响了整层的水体，整层的盐度都较低；断面盐度小于 32 的范围位于 13、14 号站的表层；11 ~ 15 号站之间的底层是一个高盐区，中心盐度超过了 34.1。

S3 断面温度为 22.6 ~ 27.8 ℃，水温 26 ℃以上的范围比 S2 断面还要大一些；断面距离平潭岛较为接近，说明越往南，表层温度较高的闽江水占据更大的范围；与 S1、S2 断面类似，S3 断面底部也是冷水，冷水中心温度低至22.8℃，与其他两条断面相比更低。断面盐度为 31.9 ~ 34.3，盐度小于 32 的范围比 S2 断面小；S2 断面中出现的盐度极低的低盐区在 S3 断面中没有出现，在近岸侧盐度分布也较为均匀，说明经与外海水的混合，近岸侧盐度升高；在 22 号站附近，底层盐度高于 34.2 的高盐水向上至海面。以往的调查表明，平潭岛附近夏季发育上升流，S3 断面的温度盐度分布结构可能与上升流有关。

综合夏季三条断面的温度、盐度分析可知，在夏季，闽江水的影响表层能够到达 11 号站附近；三条断面的温度、盐度分布都有上升流温盐分布的特征。夏季，淡水来源多，径流大，如以盐度 32 为标准，闽江水的明显影响可见到 50 千米外的表层。

3. 秋季

S1 断面温度为 16 ~ 20.4 ℃，明显低于夏季；外海的水温要高于近岸侧的水温，温差在 3℃左右；近岸侧 7 号站表层附近为温度低于 16.2 ℃的冷水中心。断面盐度为 29.8 ~ 34.2，6 号站近岸侧盐度垂直分布较均匀；在 4、5 号站之间有高盐水舌向上突起至 20 米左右的深度；而 3、4 号站则是低盐水舌向下延伸到达 40 米左右的深度（图 2-9）。

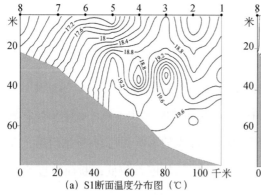

(a) S1断面温度分布图（℃）

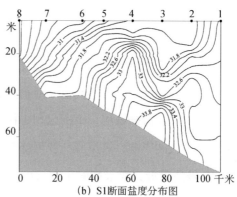

(b) S1断面盐度分布图

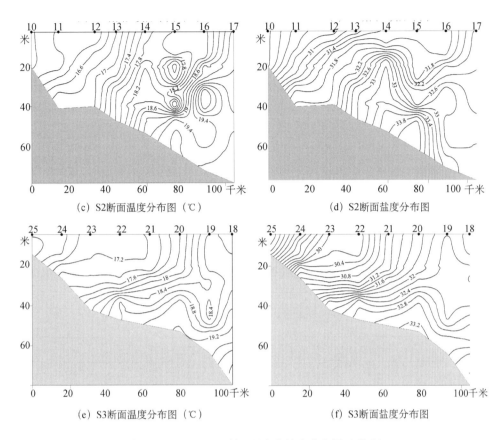

图 2-9　S1、S2、S3 断面温度和盐度分布图（秋季）

S2 断面的温度为 15.8 ~ 20.2 ℃，表层的温度低于下层，近岸侧的温度垂直混合较充分，较冷的水体位于近岸侧。断面的盐度分布与 S1 断面的盐度垂直分布相似。

S3 断面的盐度与温度分布相类似，表层低、底层高。总体而言，秋季盐度的分布都呈表层低、底层高的特征。

4. 冬季

冬季，三条断面的温度在垂向上分布较均匀，等温线基本都呈垂直分布，显示垂向混合比较好。温度比秋季下降了一些，各个断面的温度普遍在 13 ~ 19 ℃，近岸侧的温度下降幅度较大，相较于秋季下降了 2 ~ 3 ℃（图 2-10）。

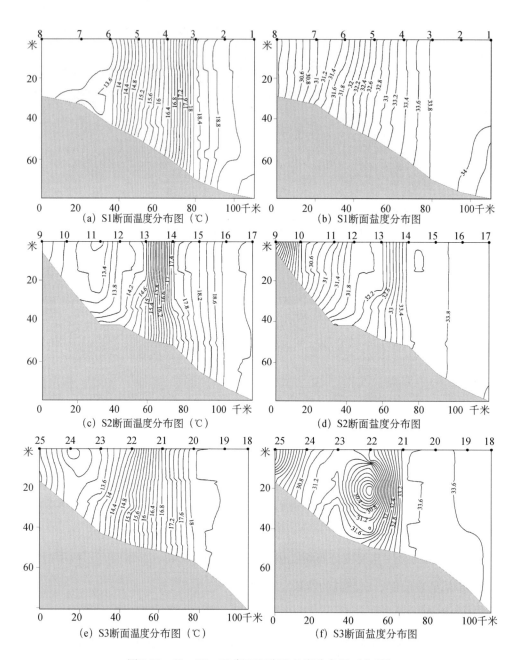

(a) S1断面温度分布图（℃）

(b) S1断面盐度分布图

(c) S2断面温度分布图（℃）

(d) S2断面盐度分布图

(e) S3断面温度分布图（℃）

(f) S3断面盐度分布图

图2-10　S1、S2、S3断面温度和盐度分布图（冬季）

　　冬季，三条断面的盐度等盐度线基本都呈垂直分布，垂向混合比较充分，较断面秋季的盐度更为均匀。

　　比较四个季节调查结果，如大致以盐度32作为闽江冲淡水的影响范围，可以看出四个季节中，秋季冲淡水分布范围最大，可越过"海峡中线"，最小是夏季，春季和冬季相差不大，居中。

冲淡水的垂向分布看，夏季以分层为主，存在 20 米深度水平状分布的温盐跃层；冬季以垂向混合为主，存在垂向分布的温盐锋面，径流携带的物质可在水层内充分混合；春、秋季节介于两者之间呈过渡状态。

夏季在闽江口—平潭岛东侧存在高盐-低温的涌升水。夏季除了冲淡水带来大量营养物外，涌升水也可为该海区提供了较丰富的营养盐，同时自南向北的南海暖流及该涌升水可能阻隔闽江冲淡水向外的输送，可导致夏季冲淡水无法向外海扩散，进而可导致大量输入的营养盐无法及时扩散到外海，在合适的条件下易诱发赤潮等灾害（图 2-11）。

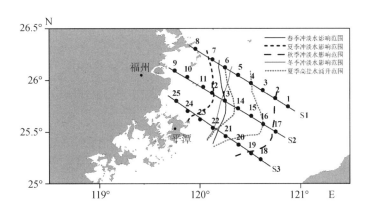

图 2-11　闽江冲淡水影响范围示意图

第二节　海 水 化 学

一、pH

海域 pH 季节变化不明显。空间分布上，离岸越远，pH 越高，与冲淡水 pH 较小有关。夏季，表层 pH 最大值较高，主要是由于夏季浮游植物生长较为旺盛，光合作用强烈，水体中溶解的 CO_2 降低，pH 较高（表 2-1，图 2-12）。

表 2-1　闽江口海域 pH 季节变化特征

季节	最小值	最大值	平均值
春季	7.79	8.27	8.17
夏季	7.13	8.41	8.17
秋季	7.64	8.21	8.11
冬季	8.04	8.21	8.14
四季平均	—	—	8.15

二、悬浮颗粒物（SPM）

海域冬季、秋季的 SPM 平均含量相差不大，均较高；夏季、春季平均含量也相差不大，但含量都较低，这显示了闽浙沿岸流高 SPM 输入的影响。表层 SPM 的含量基本上是离岸越远，含量越低（表 2-2，图 2-13）。

表 2-2　闽江口海域 SPM 季节变化特征　（单位：毫克/升）

季节	最小值	最大值	平均值
春季	2.1	139.8	16.4
夏季	2.3	156.7	17.5
秋季	2.9	245.7	27.0
冬季	4.1	146.3	29.9
四季平均	—	—	22.7

三、溶解氧（DO）

闽江口海域冬季溶解氧含量最高，夏季含量最低，与浮游生物的生长等因素有关，夏季浮游生物含量较高，消耗更多溶解氧，导致溶解氧含量较低。

四个季节大致均在中部出现高溶解氧，表层除夏季在琅岐岛附近海域出现溶解氧低于 6.0 毫克/升外，其余季节表层溶解氧含量均大于 6.0 毫克/升，含量均较高，尚未出现溶解氧含量小于 2~3 毫克/升的缺氧现象（表 2-3，图 2-14）。

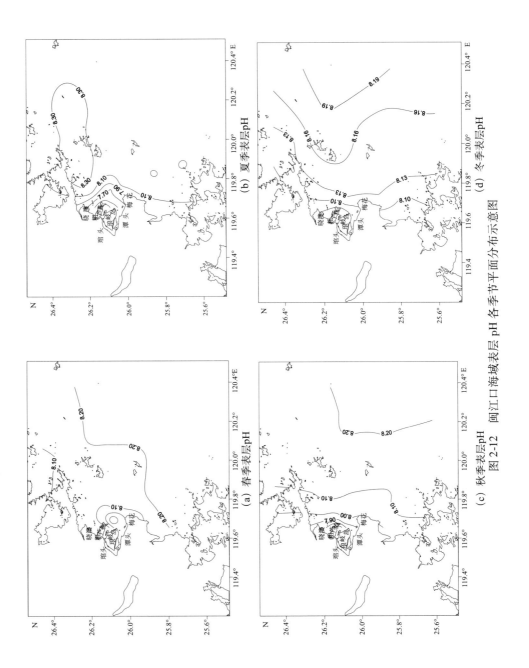

(a) 春季表层pH

(b) 夏季表层pH

(c) 秋季表层pH

(d) 冬季表层pH

图 2-12　闽江口海域表层 pH 各季节平面分布示意图

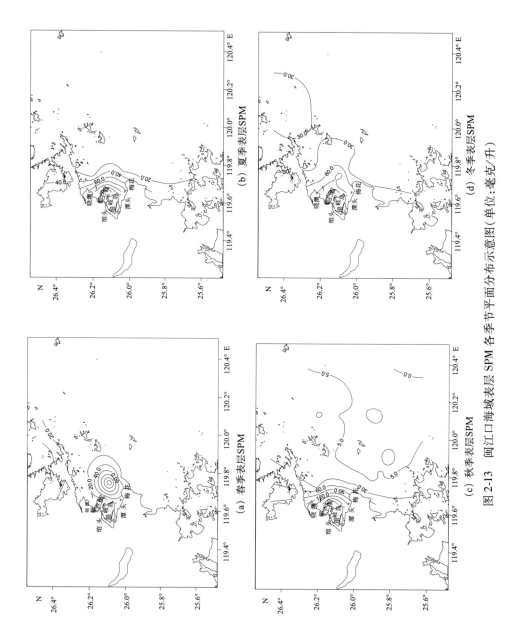

图 2-13　闽江口海域表层 SPM 各季节平面分布示意图（单位：毫克/升）

表2-3　闽江口海域溶解氧（DO）季节变化特征　（单位：毫克/升）

季节	最小值	最大值	平均值
春季	7.25	9.51	8.29
夏季	5.37	9.01	7.61
秋季	7.15	8.31	7.93
冬季	8.05	8.70	8.35
四季平均	—	—	8.05

四、活性磷酸盐

闽江口海域夏季活性磷酸盐含量最低，春、秋季含量较高，冬季最高。这与浮游生物的生长等因素有关，夏季浮游生物含量较高，消耗活性磷酸盐，故其含量低。冬季高磷酸盐含量还与闽浙沿岸流输入有关（表2-4）。

表2-4　闽江口海域活性磷酸盐季节变化特征（单位：毫克/升）

季节	最小值	最大值	平均值
春季	0.004	0.093	0.019
夏季	0.001	0.023	0.005
秋季	0.018	0.053	0.029
冬季	0.024	0.067	0.038
四季平均	—	—	0.023

夏季活性磷酸盐平均含量符合国家海洋一类水质质量标准，春季、秋季和冬季符合国家海洋二至三类水质质量标准，但秋季和冬季含量高出春季较多。

夏季、春季表层活性磷酸盐均在琅岐岛附近海域出现高值区，冬季、秋季则在梅花附近海域及闽江口北部出现高值区。显示闽江口营养盐污染区域主要位于琅岐岛周围，其中靠近琯头的区域在春季高平潮和冬季低平潮时营养盐污染较为严重（图2-15）。

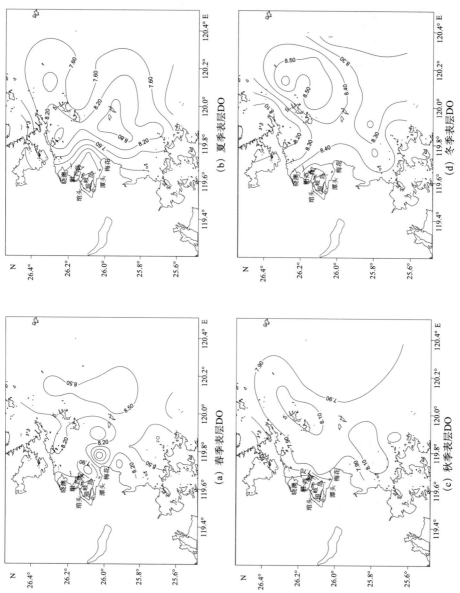

(a) 春季表层DO

(b) 夏季表层DO

(c) 秋季表层DO

(d) 冬季表层DO

图2-14 闽江口海域表层DO各季节平面分布示意图(单位:毫克/升)

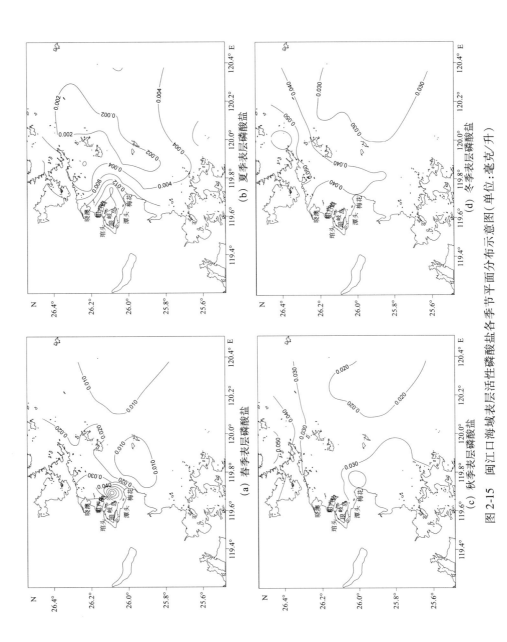

图2-15　闽江口海域表层活性磷酸盐各季节平面分布示意图（单位：毫克/升）

五、溶解无机氮(DIN)

闽江口海域夏季溶解无机氮含量最低，春季含量次之，秋季、冬季含量较高。这与浮游生物的生长等因素有关，夏季浮游生物生长旺盛，消耗 DIN，故其含量低。秋、冬季溶解无机氮含量高，还与闽浙沿岸流输入有关（表2-5，图2-16）。

表2-5　闽江口海域溶解无机氮（DIN）季节变化特征

（单位：毫克/升）

季节	最小值	最大值	平均值
春季	0.087	1.082	0.346
夏季	0.036	1.069	0.173
秋季	0.215	0.881	0.406
冬季	0.222	1.186	0.454
四季平均	—	—	0.345

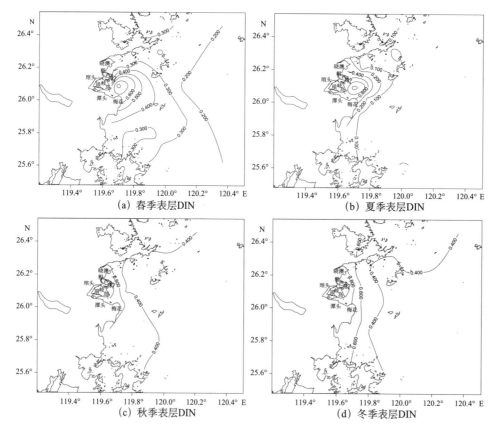

图2-16　闽江口海域表层溶解无机氮各季节平面分布示意图（单位：毫克/升）

溶解无机氮平均含量夏季符合国家一类海水水质标准；春季符合国家海洋三类水质质量标准；秋季和冬季符合国家海洋四类水质质量标准，但冬季明显较高。

第三节 闽江口营养盐结构背景及对浮游生物生长的关系

一、营养盐结构特征与背景

N/P 值是反映海区营养盐结构的主要指标。Redfield 的研究结果表明，一般大洋深层水的 N/P 值为 16 左右，与浮游植物体内元素组成的 N/P 值大致相同，这一比值被称为 Redfield 比值，并作为水生态环境中缺乏氮或磷的重要判别依据（夏青等，2004）。

从调查数据的特征值看（表 2-6），闽江口海域无论哪个季节 N/P 值均远大于 Redfield 比值，与闽江每年携带 DIN 入海的数量要比 PO_4-P 高有关，表明总体上闽江口的磷相对缺乏，即限制闽江口大部分海区初级生产力的营养盐是磷。

表 2-6 闽江口海域 N/P 值季节特征

季节	最小值	最大值	平均值
夏季	24.9	117.5	61.3
冬季	13.4	79.2	27.4
春季	15.4	258.0	55.3
秋季	22.1	87.4	31.9
四季平均	—	—	44.0

根据美国营养物基准技术指南中提出的方法计算闽江口营养盐的背景值，即选择亚硝酸盐、硝酸盐、铵盐、溶解无机氮和活性磷酸盐等适合频率分布的百分点作为该参数的背景值。由于统计使用的数据为近期水质数据，本书以硝酸盐、亚硝酸盐、铵盐、活性磷酸盐、DIN 等各参数频率分布曲线下 25 个百分

点对应值为背景值，作为各项海水化学要素的参照状态（表2-7）。

表2-7　海水化学要素频率分布表

项目	亚硝酸盐/（毫克/升）	硝酸盐/（毫克/升）	铵盐/（毫克/升）	活性磷酸盐/（毫克/升）	DIN/（毫克/升）	N/P值
标准偏差	0.024	0.478	0.076	0.015	0.511	52.8
最小值	0.000	0.000	0.005	0.001	0.036	13.4
最大值	0.127	1.915	0.417	0.093	1.950	300.5
25%	0.005	0.244	0.013	0.016	0.285	28.3
50%	0.008	0.384	0.026	0.024	0.426	44.0
75%	0.022	0.785	0.051	0.034	0.907	79.0

按照频率统计结果，闽江口海域亚硝酸盐背景值为0.005毫克/升、硝酸盐背景值为0.244毫克/升、铵盐背景值为0.013毫克/升、活性磷酸盐背景值为0.016毫克/升、溶解无机氮背景值为0.285毫克/升、N/P值背景值为28.3。

将计算的调查海域海水化学各要素的背景值与《海水水质标准》（GB3097—1997）的各要素值相比较，可看出闽江口溶解无机氮的背景值符合国家二类水质标准，活性磷酸盐的背景值符合国家二、三类水质标准。

2006～2008年，闽江口海域营养盐的平均含量、结构（以N/P值表示）呈现近岸高而向外略有降低的趋势。2006～2008年，闽江口DIN、活性磷酸盐平均值与该海域背景值相比，显示近年闽江口海域的活性磷酸盐含量增加了62.5%，但仍然保持在国家二、三类海水水质标准；而DIN含量增加了188%，从符合国家二类水质标准恶化到超国家四类海水水质标准；N/P值约增加了一倍，这主要是由于DIN的增加量远大于活性磷酸盐的增加量所引起的，海域的磷限制越来越严重（图2-17，图2-18）。

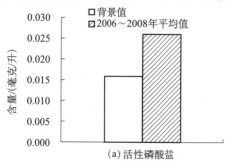

(a) 活性磷酸盐

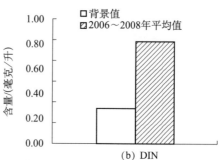

(b) DIN

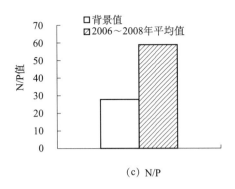

（c）N/P

图 2-17　闽江口海域营养盐特征和背景值关系

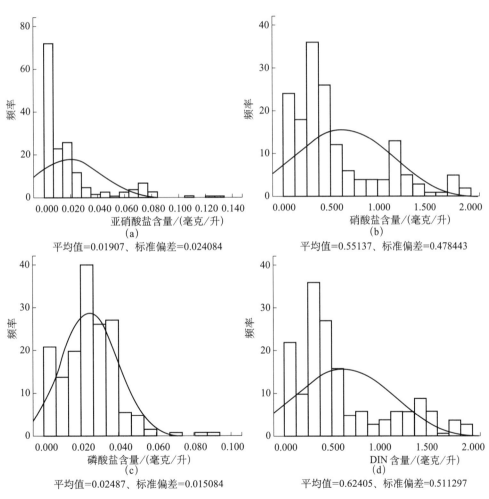

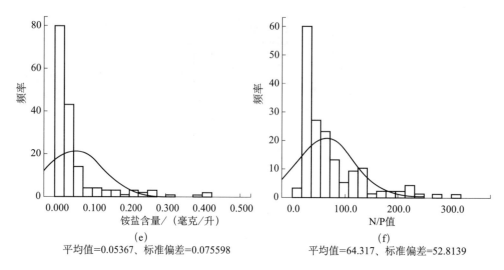

平均值=0.05367、标准偏差=0.075598　　　　　平均值=64.317、标准偏差=52.8139

图 2-18　闽江口海域亚硝酸盐、硝酸盐、磷酸盐、DIN、铵盐、

N/P 值等参数的频数直方图（样本数 164）

二、营养盐输入和浮游生物生长的关系

闽江口海域的氮磷季节变化有夏季低、秋冬高的特征。例如，春季、夏季、秋季和冬季无机氮平均含量分别为 0.215 毫克/升、0.173 毫克/升、0.406 毫克/升和 0.454 毫克/升，磷酸盐的平均含量分别为 0.019 毫克/升、0.005 毫克/升、0.023 毫克/升和 0.004 毫克/升。闽江口海域海水 N、P 含量呈现不同程度的超标状态，具有磷限制潜在性富营养化特征，造成该海域 N/P 值失衡的重要因素之一是闽江和沿岸每年不对称地将 N、P 物质输入闽江口及其周边海域。

受闽浙沿岸流的影响，闽江口冬季接收了大量的长江和钱塘江带入的营养盐，加上水温较低，浮游生物生长较缓，营养盐消耗少，造成营养盐明显高于其他季节。

闽江作为福建省最大河流，河流输运是营养盐入海的主要途径。受亚热带海洋性季风气候影响，闽江年降水集中在每年的 3～9 月，径流携带的营养盐输入也集中在同期。从营养盐的季节分布上看，夏季高浓度的营养盐被压缩在较小的区域内，秋季的扩散范围最广，春季、冬季的扩散范围相当，闽江冲淡水影响范围大致是一致的。例如，在北纬 26.1°断面上，闽江口冲淡水夏季影响至东经 119.8°、秋季影响至东经 121.1°、春季影响至东经 120.1°、冬季影响至东经 120.4°。在上述冲淡水影响范围以东，四个季节的 DIN 含量均符合国家二类海水水质标准；活性磷酸盐含量则大致符合国家一类海水水质标准。

其原因可能是：夏季闽江口—平潭岛东侧常年发生高盐-低温的涌升水，加上西南风作用下北上的南海暖流，闽江口冲淡水向外海输送可能被阻隔，大量输入的营养盐无法及时扩散到外海，在夏季的闽江口海域极可能出现富营养化。此时，闽江口海域的生物得到充分的营养盐及适宜的光照、水温等条件，生长旺盛，叶绿素 a 含量明显高于其他季节（图 2-19），生物的生长又消耗了营养盐，使得测得的营养盐含量低于其他季节，但这一过程极有可能有利于藻华的形成，发生赤潮。

富营养化直接提高了浮游植物生产力和生物量，不仅改变了浮游生物群落和底栖生物的群落结构和季节循环，也改变了食物链（浮游植物—浮游动物）和微生物环的能量负荷，从而引起了高营养级生物资源变化。因此，富营养化对海洋生态系统的结构以及海洋生态系统的功能均会造成影响，换句话说，营养物质的增加将改变水体浮游植物的群落结构及时空分布，少数种类可能大量增殖，使生物多样性与均匀度明显下降。随着生物多样性的降低，生态系统进行自我调节和抵御外界扰动的能力减弱，更加容易引发赤潮；而营养物质形态和比例的变化，将特别有利于少数种类浮游植物的增殖，更使得爆发赤潮的可能性增加。以 N/P 值为例，N/P 值是藻类受磷或氮限制的重要指标，不仅可以影响环境中浮游植物的种群结构，也决定了特定海区赤潮发生的限制因子。有研究表明 N/P 值的增加有利于个体较小的藻类的生长，闽江口出现的赤潮优势种的变化，即反映了闽江口海域营养盐结构比例变化对海洋生态系统结构的影响，造成这一结果的直接原因是 N/P 值的增加和 Si/N 值的降低；而这同近年来闽江不对称氮和磷的输入相吻合。

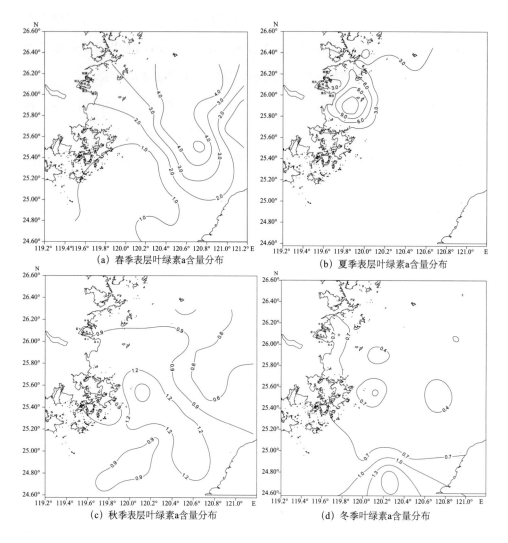

(a) 春季表层叶绿素a含量分布　　(b) 夏季表层叶绿素a含量分布

(c) 秋季表层叶绿素a含量分布　　(d) 冬季叶绿素a含量分布

图 2-19　闽江口附近海域四季表层叶绿素 a（chl-a）含量平面分布示意图（单位：毫克/米³）

第三章

闽江口二维潮流场及悬沙运移数值模拟

第一节 潮流场控制方程与计算边界条件

一、潮流控制方程

闽江口潮流场选用深度平均的二维浅水方程组来描述。

$$
\begin{cases}
\dfrac{\partial u}{\partial t} + u\dfrac{\partial u}{\partial x} + v\dfrac{\partial u}{\partial y} = -g\dfrac{\partial z}{\partial x} + fv - ru \\[2mm]
\dfrac{\partial v}{\partial t} + u\dfrac{\partial v}{\partial x} + v\dfrac{\partial v}{\partial y} = -g\dfrac{\partial z}{\partial y} - fu - rv \\[2mm]
\dfrac{\partial z}{\partial t} + \dfrac{\partial\left[(d+z)u\right]}{\partial x} + \dfrac{\partial\left[(d+z)v\right]}{\partial y} = 0
\end{cases}
\tag{3-1}
$$

式中， t ——时间；

x、y ——平面直角坐标；

u、v ——全流沿 x 、y 方向分量；

H ——水深，$H = d + z$ ；

d ——平均水位平面下的水深；

z ——瞬时水位；

f ——柯氏参数；

r ——底摩擦系数，$r = g\sqrt{u^2 + v^2}/c_n^2 H$ ；c_n 为谢才系数，$c_n = H^{1/6}/n$ ；

n 为海底粗糙系数，$n = 0.02$ ；

g ——重力加速度。

式（3-1）的求解采用 Vincenzo Casulli 提出的半隐式有限差分方法，潮滩的淹没或干出采用动边界处理（Casulli and Cheng，1992；Casulli and Cattani，1994；Casulli and Zanolli，1998）。

二、边界条件

海岸线为固体边界，取法向流速为零。闽江径流采用流量边界条件，在竹歧断面加入年平均流量或洪水流量。潮滩采用变边界处理，外海开边界采用强制水位，根据开边界断面控制点的调和常数并参考近台湾海峡潮波特征求出控制点的潮位曲线，其形式为时间的已知函数，由 34 个分潮（M_2、S_2、K_1、O_1 等）的调和常数组合计算如下。

$$E = \sum_{i=1}^{34} p_i \cdot a_i \cdot \cos(\sigma_i t + v_{0i} + q_i - b_i) \tag{3-2}$$

式中，E——水位；

b_i、a_i——分潮的调和常数；

σ_i——分潮的角速率；

v_{0i}——分潮格林尼治天文初相角；

q_i、p_i——分潮的交点订正角和交点因子。

三、模拟计算的区域

模拟海域北至马祖列岛西北西引岛附近，南至平潭岛北部海域，闽江由福州上游竹歧开始计算。闽江口及附近海域计算网格采用方形网格（398×331），空间步长 280 米，时间步长 36 秒，实际计算网格约 67000 个。

第二节　潮流场验证与模拟结果

在闽江口设立 1 个潮位站和 3 个潮流站，于 2007 年 5 月 1 日 11：00 至 5 月 2 日 13：00 大潮期间进行观测，同步潮位由琯头站测得，各站位置如图 3-1

所示。

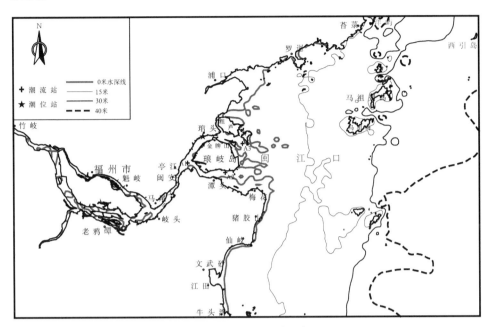

图 3-1　模拟计算区域示意图

图 3-2 为潮位验证曲线，可看出潮位计算值和大潮测流期间实测潮位基本吻合。图 3-3 是潮流验证曲线，可看出计算流速与实测垂线平均流速基本接近，其中 A1、A2、A3 站均为明显的往复流，落潮历时明显大于涨潮历时，落潮流速大于涨潮流速，A1 站流速最大，A2 站次之，A3 站靠近川石岛，流速最小。

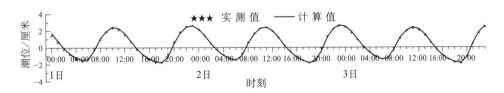

图 3-2　潮位计算值与实测值的比较

闽江口及附近海域模拟计算落潮急流场和涨潮急流场如图 3-4 和图 3-5 所示，每个流矢间隔 1120 米，图中阴影表示潮滩干出。计算潮流场具有以下特征：落潮时，闽江径流方向与落潮方向一致，水流由琅岐岛南北航道流入外海，流速较大，而台湾海峡潮流基本上从南向北流动；涨潮时，台湾海峡潮流方向

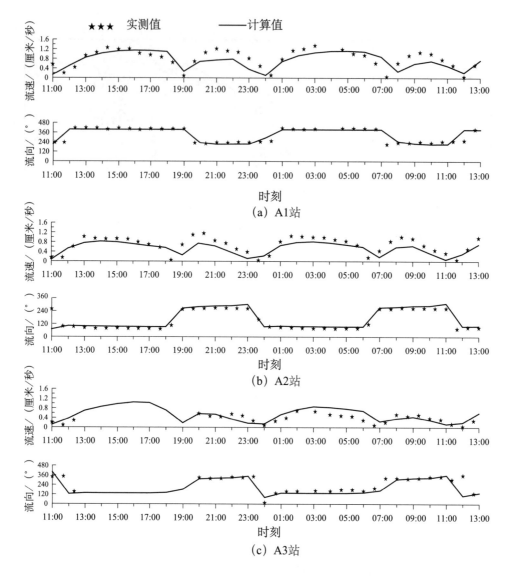

图 3-3　A1、A2、A3 站大潮实测垂线平均流速与计算流速比较

与落潮时相反，基本上从北向南流动，涨潮流由琅岐岛外口门流入闽江，与闽江下溯的径流相互作用，使得琅岐岛至马尾感潮河段流速较小。图 3-6 为全潮矢量图，可见近台湾海峡开阔处潮流为旋转流，从海峡过渡至闽江口等沿岸，潮流逐渐转为往复流。

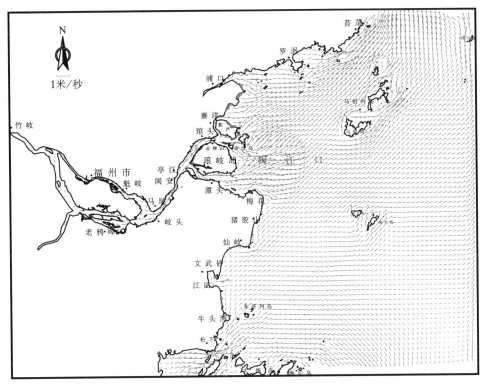

图 3-4 闽江口及附近海域涨潮急流场示意图

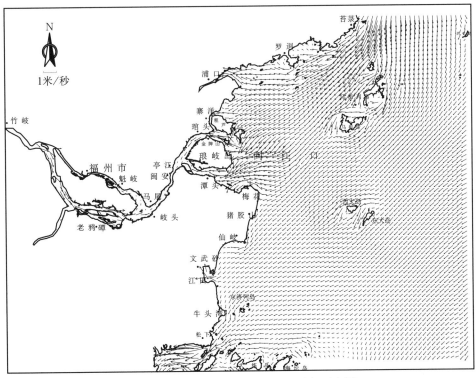

图 3-5 闽江口及附近海域落潮急流场示意图

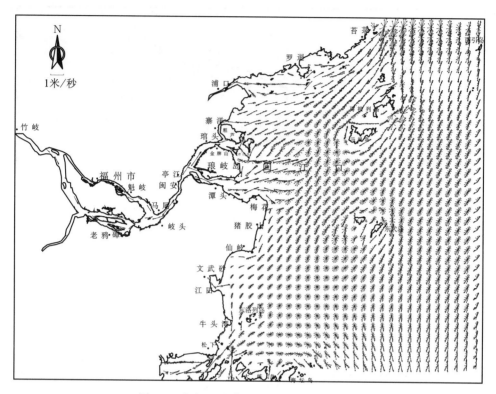

图3-6 闽江口及附近海域全潮矢量示意图

第三节 闽江口悬沙运移轨迹数值模拟

海洋中颗粒微团的迁移可以用水质点拉格朗日运动近似地模拟，通过水质点拉格朗日漂移计算，可预测悬沙在海域中的迁移轨迹。计算方法系在流场数学模拟的基础上（欧拉场），用拉格朗日方法跟踪质点的漂移过程，求得标记质点在潮流作用下的轨迹。

假设被跟踪的水质点 Q，在跟踪起始时 $t = t_0$ 时刻位于 O 点，在 $t = t_0 + k\Delta t$ 时刻位于 P_1 点，在 $t = t_0 + (k+1)\Delta t$ 时刻到达 P_2 点，如图3-7所示。

若 $t = t_0 + k\Delta t$ 时，水质点的位置 P_1 已知，在新时刻 $t = t_0 + (k+1)\Delta t$ 的水质点位置 P_2 便可根据以下公式求得

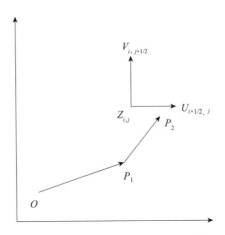

图 3-7 水质点拉格朗日漂移计算示意图

$$\overrightarrow{P_1 P_2} = 0.5 \cdot (\vec{u}_{\mathrm{L}}^k + \vec{u}_{\mathrm{L}}^{k+1}) \cdot \Delta t \tag{3-3}$$

式中，$\vec{u}_{\mathrm{L}}^k$——拉氏速度。

当水质点在 $t = t_0 + k\Delta t$ 流经 P_1 点时，欧拉速度等于拉氏速度，有

$$\vec{u}_{\mathrm{L}}(P_1, t_0 + k \cdot \Delta t) = \vec{u}(P_1, t_0 + k \cdot \Delta t) \tag{3-4}$$

当水质点在 $t = t_0 + (k+1)\Delta t$ 到达 P_2 点，

$$\vec{u}_{\mathrm{L}}\big[P_2, t_0 + (k+1) \cdot \Delta t\big] = \vec{u}_{\mathrm{L}}(P_1, t_0 + k \cdot \Delta t) + \frac{\mathrm{d}\vec{u}_{\mathrm{L}}}{\mathrm{d}t} \cdot \Delta t \tag{3-5}$$

利用欧拉-拉氏导数交换关系，最后可以得到水质点运动轨迹沿 x、y 方向分解的分量 $x_1 x_2$ 和 $y_1 y_2$。

$$x_1 x_2 = 0.5(u^k + u^{k+1}) \cdot \Delta t + 0.5\left(\bar{u}\frac{\delta u^k}{\delta x} + \bar{v}\frac{\delta u^k}{\delta y}\right) \cdot \Delta t^2 \tag{3-6}$$

$$y_1 y_2 = 0.5(v^k + v^{k+1}) \cdot \Delta t + 0.5\left(\bar{u}\frac{\delta v^k}{\delta x} + \bar{v}\frac{\delta v^k}{\delta y}\right) \cdot \Delta t^2 \tag{3-7}$$

式中，$\bar{u} = 0.5(u^k + u^{k+1})$，$\bar{v} = 0.5(v^k + v^{k+1})$。

根据式（3-7），Δt 时间间隔水质点位移可求，通过积分就可以跟踪任何过程中水质点的运动轨迹。

在琅岐岛口门和川石岛北侧选取 X、Y、Z 三个点，模拟三个水质点（悬沙）在闽江不同径流量作用下 10 个潮周期的运移轨迹。计算时，闽江径流量取

竹岐站年平均流量和百年一遇洪峰流量，根据历史资料统计，竹岐站年平均流量为 1900 米³/秒，百年一遇洪峰流量为 3.56×10^4 米³/秒。分别计算平均流量下的运移轨迹和洪峰流量下的运移轨迹。

平均流量下，三个水质点均从高潮时刻开始运动，运移 10 个潮周期（约 5 天）。图3-8 ~ 图 3-10 可以看出，水质点落潮时从闽江口随落潮流向外海运移，至低潮后开始涨潮，水质点随涨潮时反向运移，至高潮后又向外运移，如此反复。由于闽江口外海潮流为旋转流，使得轨迹呈螺旋线，并逐渐向南往平潭岛方向运移。百年一遇洪峰流量下，径流流速较大，与落潮流叠加，使得水质点落潮时向外运移距离较远，向南运移距离也较远。

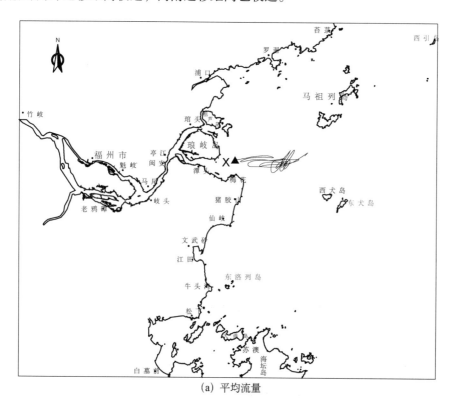

(a) 平均流量

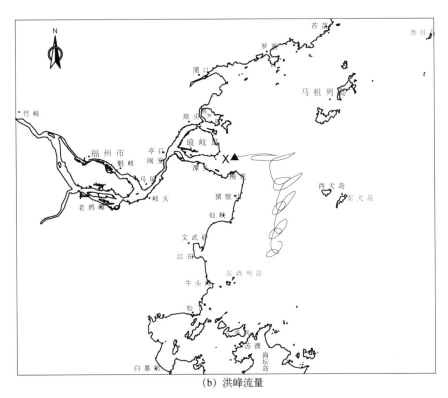

（b）洪峰流量

图 3-8　闽江口 X 点运移轨迹示意图

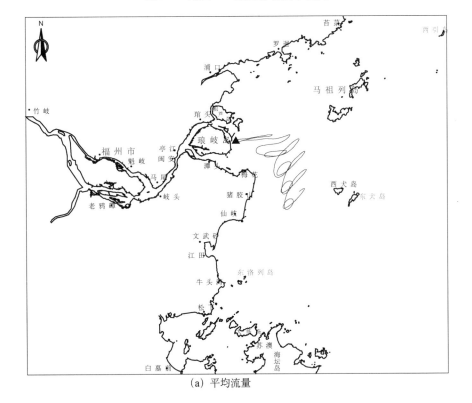

（a）平均流量

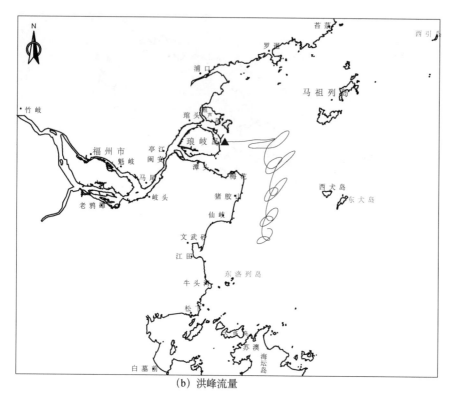

（b）洪峰流量

图 3-9　闽江口 Y 点运移轨迹示意图

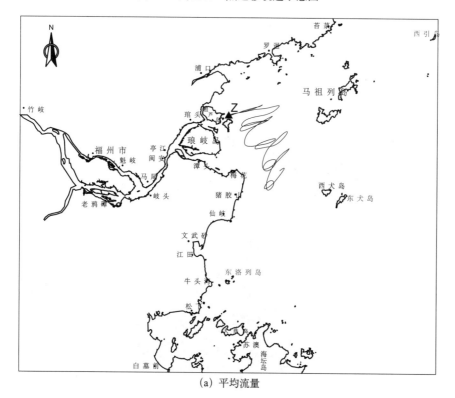

（a）平均流量

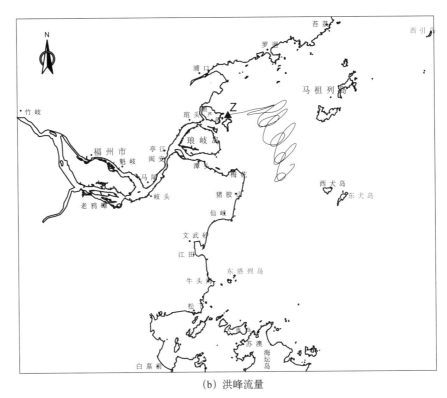

(b) 洪峰流量

图 3-10　闽江口 Z 点运移轨迹示意图

比较两个计算的结果，X 点在平均流量时，仅在闽江口附近来回摆动；当洪峰来时，X 点在 2 个潮周后运移方向转向偏南，受台湾海峡南向潮流推动，向南方运移。

悬沙运动轨迹模拟结果表明，闽江口的悬沙入海后，主要在闽江口门附近运动，或向南方、东南方输运。在输运过程中，部分悬沙落淤，沉降于海底，构成海底沉积物。

第四节　重要断面流量

根据前人研究，闽江河口汊道分流比各不一样，汊道分流比和入口处的断面形态、平面形态关系比较密切，其变化特征是：汛期落潮北汊分流比多而分沙比少，南汊则相反，这种沿程变化规律是越往河口越明显。淮安分流口的特点是：南港宽浅，北港窄深，两汊呈 90°分汊。根据北港文山里、南港科贡水文站分析计算，枯水期北港分流比占 75%，南港占 25%；汛期则南港占 75%，北港占 25%，流量越大，南港分流比越多。年平均的分流比基本是南港57.4%，北港 42.6%，沙量南港 60.7%，北港 39.3%。

马尾附近汊道比较多，各汊道落潮分流比分别为：炎山水道 79.5%，马杭水道 20.5%，万吨码头水道 59%。新丰汊道的特点是北汊顺直且是主航道，南汊宽浅成 90°分汊，到距分流口 3 千米处河宽紧缩成 1000 米。

梅花水道涨落潮分流比分别为 30.8% 和 27.5%，洪枯季的径流量分流比为25.3% 和 31.3%；相应琯头水道分流比分别为 69.2% 和 72.5%，熨斗水道分流比分别为 40.3% 和 31.8%，川石水道分流比分别为 33.7% 和 43.7%。

河口关键断面流量是了解河口水文特征的重要参数，由于现场观测需花费大量的人力和物力，仅以少量的观测站是无法获得比较符合实际情况的断面流量数据的。如图 3-11 布置的流量计算的重要断面，其中断面 F1 位于川石水道东段，断面 F2 位于梅花水道东段，断面 F3 位于长门水道，断面 F4 位于梅花水道西段，断面 F5 位于亭江附近。退潮流经断面 F5 后分别经断面 F3 和断面 F4 流出，断面 F3 与断面 F4 的流量比反映了退潮流在南北两个入海通道输出径流物质的比例，是塑造南北两个通道入海口的物质基础（图 3-12，图 3-13）。

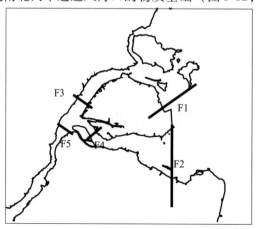

图 3-11　模拟计算断面位置示意图

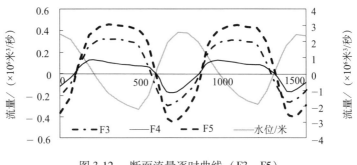

图 3-12　断面流量逐时曲线（F3～F5）

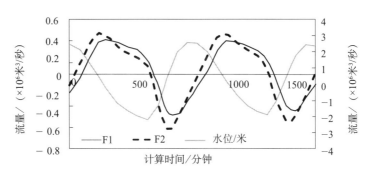

图 3-13　断面流量逐时曲线（F1、F2）

纵坐标数值的正负值显示流量的方向

模拟结果显示（表 3-1），临近海洋的断面（F1、F2）净流出量小于上游的断面，显示海洋作用的加强和径流作用的减弱，断面 F5 的净流出量大于断面 F3 和 F4 的总和，也显示了上游径流所起的较大影响。

表 3-1　断面 25 小时模拟净流量　　　　　（单位：×10⁶米³）

断面	25 小时净断面流量	断面	25 小时净断面流量
F1	63.42	F4	27.42
F2	50.97	F5	169.44
F3	110.19		

注：正值表示为净流出量

F4 断面净流出量大约是 F3 断面的 4.1 倍，即 F4 断面大约占 F3 和 F4 断面的 80%，其大约可作为闽江南北两个分支河道的分流比，即大约 80% 的径流流量通过长门水道流出，而仅 20% 的径流流量经过梅花水道流出，即北分支河道承担了大部分的流出径流和泥沙，这与水道展布方向有很大的关系。

F1 断面净流出量比 F3 断面减少近一半，可能与乌猪水道和熨斗水道的分流有关；而 F2 断面净流出量比 F4 大，说明部分涨潮流通过 F4 断面进入 F5 断面以上的河道后，退潮时未经 F4 断面流出，而取道 F3 断面流出，即闽江口可能存在北支水道输出的泥沙在涨潮时由涨潮流带入南支水道的水文格局，而该水文格局正是造成闽江口北支水下河道发育、南支浅滩发育的主要控制原因。

第四章

闽江口水沙变化
与输送过程

闽江径流量居全国第三，每年携带大量的泥沙入海。近几十年来，随着经济社会发展，人类活动影响越来越大，特别是上游水坝电站的建设拦蓄了大量泥沙，闽江入海泥沙通量发生了显著的变化，对闽江河口及其临近海域的生态环境、沉积地貌与沉积环境乃至生态环境产生了重要影响，有必要深入研究闽江入海水沙变化及河口输送过程，进而探讨河口的演化过程。

第一节　闽江水沙量变化特征

竹岐水文站是闽江干流距海最近的水文站，位于闽江水口电站的下游，竹岐以下较大的闽江支流仅有从南台岛南岸流入闽江的大樟溪，其年均流量约为110 米^3/秒，约为竹岐站年均流量的 6.4%，年均含沙量略高于竹岐站的年均含沙量。因此，竹岐站观测的水文泥沙数据基本可以反映闽江入海径流和泥沙的总体情况。

一、闽江入海流量及其变化

1970～2006 年，竹岐水文站观测数据统计显示，竹岐站年平均流量为 1706 米^3/秒，年均最大流量为 2739 米^3/秒（1998 年），最小为 851 米^3/秒（1971 年），两者相差近 2.5 倍。1976～1990 年，年平均流量波动较小，为 1500～2000 米^3/秒；1970～1975 年和 1991～2006 年波动范围较大，前者在 850～2550 米^3/秒，后者在 1000～2800 米^3/秒（图4-1）。

一般情况下，每年 3～8 月为闽江流域的洪季，其余月份为枯季。多年月均径流量曲线显示月均流量呈现不对称的单峰形态，每年 1～6 月平均月均径流量逐月增加，6 月后月均流量陡降，之后继续减少，直至年底。

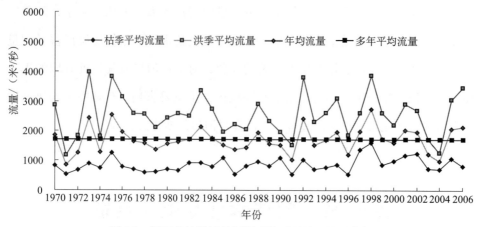

图 4-1   闽江竹岐站流量年际变化（1970～2006 年）

闽江多年洪季和枯季平均流量分别为 2551 米³/秒和 862 米³/秒。洪季六个月中，6 月平均流量最大，达 4132 米³/秒；5 月次之，为 3282 米³/秒；再次为 4 月，为 2611 米³/秒；3 月和 7 月接近，8 月最小，为 1197 米³/秒（图 4-2）。枯季六个月中，9 月流量明显大于其他月份，是枯季流量的决定因素，每年在枯季各月中月均流量超过多年平均流量（1706 米³/秒）的月份主要发生在 9 月，此外 1998 年 2 月流量异常大，达到 4310 米³/秒，是造成 1998 年枯季流量较大的原因（图 4-3）。

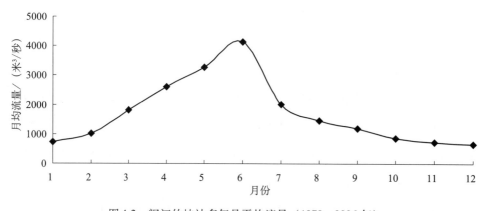

图 4-2   闽江竹岐站多年月平均流量（1970～2006 年）

洪季平均流量变动较大，最大时为 1973 年的 3967 米³/秒，超过 3000 米³/秒的年份还有 1975 年、1976 年、1983 年、1992 年、1998 年、2005 年、2006 年 7 个年份；最小时为 1971 年的 1175 米³/秒，次小为 2004 年的 1263 米³/秒，低于

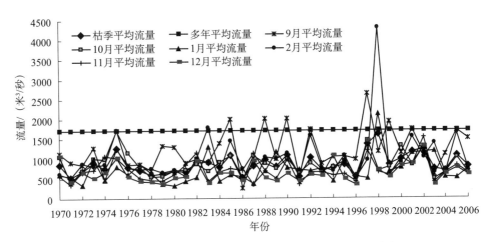

图 4-3 闽江竹岐站枯季流量的年际变化 (1970~2006 年)

1500 米³/秒的年份还有 1991 年; 最大平均流量与最小平均流量相差 2792 米³/秒。枯季平均流量变动较小, 最大为 1998 年的 1610 米³/秒, 其余均低于 1500 米³/秒; 最小为 1971 年的 527 米³/秒, 次小为 1996 年的 540 米³/秒, 最大与最小相差 1084 米³/秒。

从月均流量变化情况看, 1970~2006 年最大的月均流量为 8600 米³/秒, 发生在 1998 年 6 月; 最小月均流量为 254 米³/秒, 发生在 1986 年 9 月, 两者相差近 34 倍。月均流量大于 6000 米³/秒的月份还有 1977 年 5 月 (7120 米³/秒)、1975 年 5 月 (7720 米³/秒)、1976 年 6 月 (6240 米³/秒)、1977 年 6 月 (6910 米³/秒)、1982 年 6 月 (6170 米³/秒)、2005 年 6 月 (6670 米³/秒) 和 2006 年 6 月 (8310 米³/秒) (图 4-4)。

大多数年份月均流量呈单峰型, 少数如 1972 年、1978 年、1981 年、1983 年、1985 年、1988 年、1990 年、1992 年、1996 年和 1998 年呈双峰型或多峰型, 显示闽江流域基本上大多数年份降水发生在 5~6 月, 少数年份可在两个或多个月份内发生年内的强降水过程 (图 4-5)。

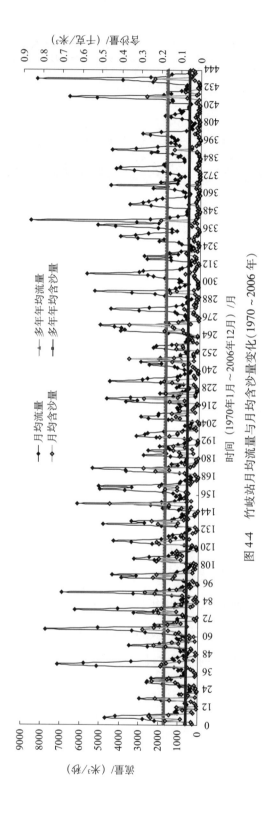

图 4-4　竹岐站月均流量与月均含沙量变化（1970～2006 年）

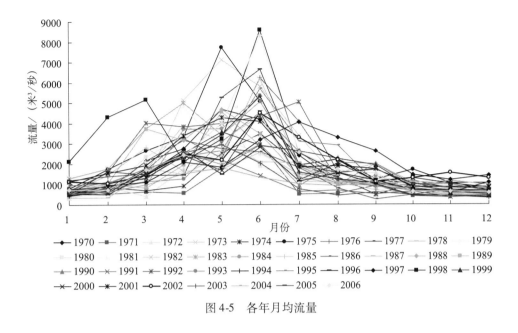

图 4-5　各年月均流量

二、悬沙含量及其变化

　　1970～2006 年，闽江干流竹岐水文站年平均含沙量为 0.058 千克/米³，年均最大含沙量为 0.111 千克/米³（1975 年），最小为 0.011 千克/米³（2001 年），两者相差近 10 倍，含沙量较高的年份还有 1970 年和 1992 年；1970～1992 年年均含沙量较高，一般均大于 0.05 千克/米³；1992 年以后显著减少，除 2005 年略大于 0.05 千克/米³ 和 2006 年接近 0.05 千克/米³ 以外，其余年份均较小，显示年均入海泥沙含量在 1992 年以后显著减少（图 4-6）。

　　闽江月均含沙量与月均流量具有类似的季节性变化特征。1970～2006 年，闽江干流竹岐站枯季平均含沙量和洪季平均含沙量分别为 0.026 千克/米³ 和 0.097 千克/米³。1992 年前后枯季平均含沙量分别为 0.033 千克/米³ 和 0.017 千克/米³，两者相差 0.019 千克/米³，前者是后者的 1.89 倍多；1992 年前后洪季平均含沙量分别为 0.128 千克/米³ 和 0.052 千克/米³，两者相差 0.065 千克/米³，前者是后者的 2.47 倍（图 4-7，图 4-8）。

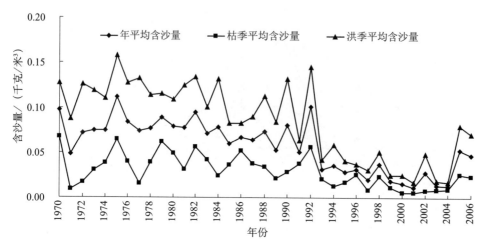

图 4-6　闽江竹岐站年均含沙量年际变化（1970~2006 年）

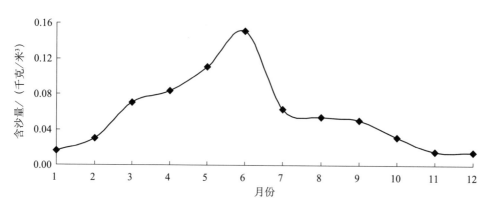

图 4-7　闽江竹岐站多年月均含沙量变化（1970~2006 年）

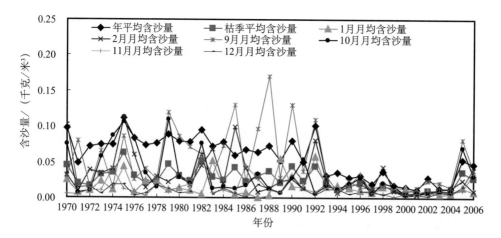

图 4-8　闽江竹岐站多年含沙量季节变化（1970~2006 年）

三、含沙量与流量的关系

对 1970 ～ 2006 年 37 年间各月均流量和月均含沙量进行线性回归分析，可以发现两者具有较好的正相关关系，两者相关系数平方可达 0.514（图 4-9）。考虑到 1992 年后年均含沙量显著减少，将 1992 年前后的月均流量和月均含沙量分别做线性回归，发现 1992 年前后两者相关系数平方分别为 0.703 和 0.563，显示 1992 年后含沙量和流量之间的相关关系显著变差，也表明 1992 年之前闽江干流的含沙量显著地被降水造成的流量变化所控制，1992 年以后，除降水等因素外，其他因素也对闽江干流的含沙量造成了较大的影响。

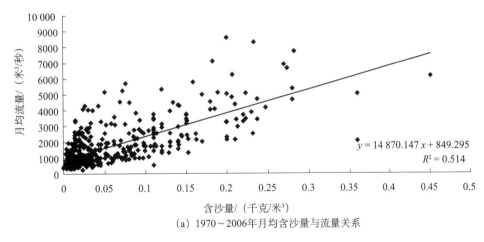

（a）1970 ～ 2006 年月均含沙量与流量关系

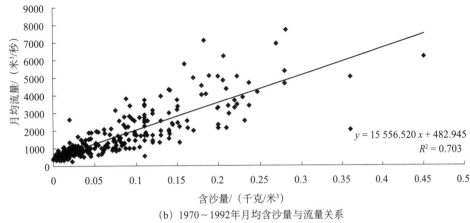

（b）1970 ～ 1992 年月均含沙量与流量关系

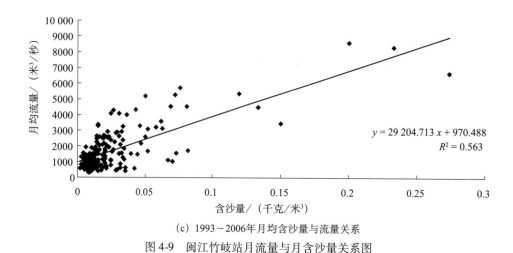

$$y = 29\,204.713\,x + 970.488$$
$$R^2 = 0.563$$

（c）1993～2006年月均含沙量与流量关系

图4-9　闽江竹岐站月流量与月含沙量关系图

四、输沙量变化原因分析

从1970～2006年竹岐站的年均流量变化来看，年均流量在1976～1990年变化较平缓，其余年份变化较剧烈，总体上没有明显的变化规律和时间序列变化特征［图4-10（a）］。

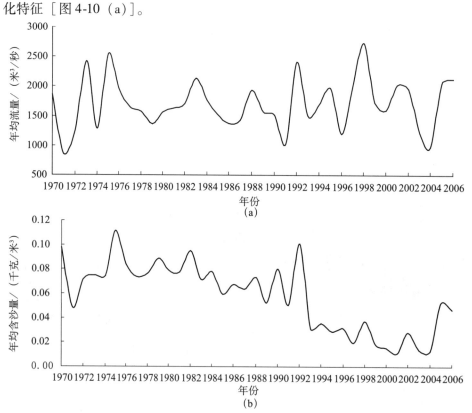

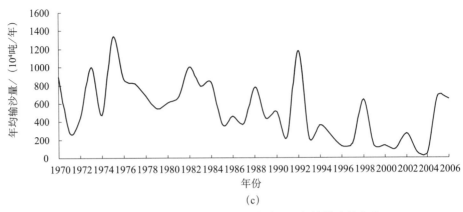

图 4-10 竹歧站年均流量、年均含沙量、年均输沙量变化

年均含沙量与年均流量的年际变化具有较大的不同，1992 年年均含沙量急剧下降，直至 2005 年方有较大的上升。年含沙量大致可分为 1970～1975 年的上升阶段、1976～1987 年的下降阶段、1987～1992 年的上升阶段、1993～2004 年的下降阶段和 2005～2006 年的上升阶段［图 4-10(b)］。

自 20 世纪 70 年代以来，闽江流域陆续建设了安砂、池潭、沙溪口、水口等水库，水口水库是闽江流域已建成的最大水库，建设地点在闽江干流中下游。对比径流含沙量/输沙量变化图与水库建成时间可以发现：1976 年开始的年均含沙量减少与安砂水库开始发电的时间基本相同；1993 年水口水库开始蓄水与同期竹歧站含沙量大幅减少有关。因此，水库建设造成大量泥沙被拦蓄在库区，下游泥沙供应减少，尤其是开始蓄水及其后若干年（表 4-1）。

表 4-1 2006 年前闽江主要水库建设情况

水库名称	建设地点	集水面积/千米²	蓄水量/（×10⁸米³）	建设情况
安砂水库	沙溪	5 184	6.4	1970 年 4 月开工 1975 年 10 月发电
池潭水库	富屯溪支流金溪	4 766	8.7	1976 年开工 1980 年 3 月蓄水
沙溪口水库	富屯溪与沙溪汇合处	25 562	1.64	1983 年 7 月开工 1987 年 12 月发电
水口水库	闽江干流	52 438	26.0	1987 年 3 月开工 1993 年 3 月蓄水

此外，根据《中国河流泥沙公报（2012）》，1980～2000 年竹歧水文站测验

断面冲淤变化不大，断面基本稳定；2000~2005 年由于受采砂影响，断面发生严重冲刷下切，河床主槽下切最大深度约 20 米。2005~2006 年竹岐站含沙量的增加可能与河床冲刷加剧有关（图 4-11）。

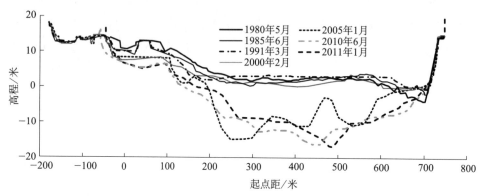

图 4-11　竹岐水文站测验断面冲淤变化图

资料来源：中华人民共和国水利部，2012

第二节　实测周日水文泥沙特征

2007 年 5 月 1~2 日在闽江口海域开展了 4 个站位（A1、A2、A3、A4）的 26 小时同步水文泥沙观测（图 4-12），期间恰逢天文大潮，天气良好，海况 1~2 级，海浪小。用配备浊度计的 CTD 获取剖面浊度数据，CTD 型号分别为 SAIV A/S 公司 SD204 型 CTD；采用横式采水器采集水样，用真空抽滤法将悬沙过滤在孔径 0.45 μm 的醋酸纤维滤膜上，干燥称量得到悬沙浓度。使用声学多普勒流速剖面仪连续观测流速（其中 A4 站未观测流速），设备型号为 RDI 公司的 ADCP 和 NORTEC 公司的 AWAC，工作频率均为 600 kHz。观测过程中浊度剖面数据每隔一小时采集一次，水样每隔两小时采集一次，并利用蚌式抓斗在涨急、涨憩、落急、落憩时刻采集四个站的表层沉积物样品，在实验室采用激光粒度仪分析沉积物和悬浮泥沙粒度组成。

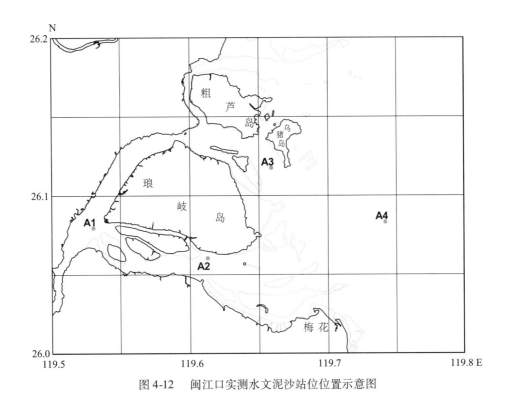

图4-12 闽江口实测水文泥沙站位位置示意图

一、水位与流速的潮周期变化

观测期间 A1、A2 和 A3 三个站位的潮差都比较大；落潮平均流速大于涨潮平均流速，落潮历时长于涨潮历时，涨、落急垂线平均流速都可达到 1 米/秒以上；潮流都属于往复流，涨潮向陆，落潮向海，流速最大值出现在中潮位，具有驻波的特征；流速在涨急和落急垂向差别较大，上部流速较大，下部和底部流速较小；在涨憩和落憩时刻垂向上变化不大，整个剖面上流速分布较均匀（图4-13）。

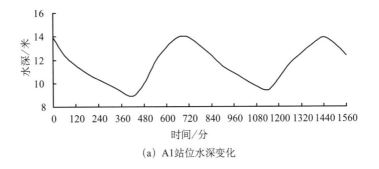

（a）A1站位水深变化

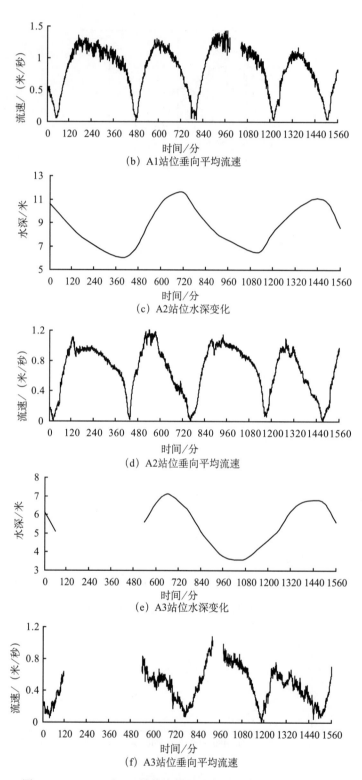

(b) A1站位垂向平均流速

(c) A2站位水深变化

(d) A2站位垂向平均流速

(e) A3站位水深变化

(f) A3站位垂向平均流速

图4-13 A1、A2和A3站位水深及垂向平均流速随时间的变化

不同站位的水深和流速变化各有特点。A1 站位观测期间最大潮差 5.1 米，垂线平均流速最大值为 1.43 米/秒，出现在落急，最小值为 0.03 米/秒，出现在落憩；涨潮垂线平均流速方向在 220°～260°变化，涨潮平均历时 303 分钟，落潮方向在 35°～65°变化，落潮平均历时 422 分钟。A2 站位最大潮差 5 米，垂线平均流速最大值为 1.21 米/秒，出现在涨急，最小值为 0.06 米/秒，出现在涨憩；涨潮垂线平均流速方向在 70°～105°变化，涨潮平均历时 318 分钟，落潮方向在 240°～275°变化，落潮平均历时 408 分钟。A3 站位在 3 个站位中水深和流速变化均最小，观测期间最大潮差 3.5 米，垂线平均流速的最大值为 1.08 米/秒，出现在落急，最小值为 0.06 米/秒，出现在落憩；涨潮方向在 70°～150°变化，涨潮平均历时 369 分钟，落潮方向在 280°～350°变化，落潮平均历时 418 分钟。三个站位流速在涨急和落急均显现垂向上较大的差别，相比而言，A3 站没有 A1 和 A2 站位明显（表 4-2，图 4-14）。

表 4-2　A1 和 A2 站位涨落潮平均流速及方向

站位	落　潮		涨　潮	
	平均流速/（米/秒）	方向/（°）	平均流速/（米/秒）	方向/（°）
A1	0.91	51	0.81	236
A2	0.72	81	0.71	265
A3	0.55	132	0.39	320

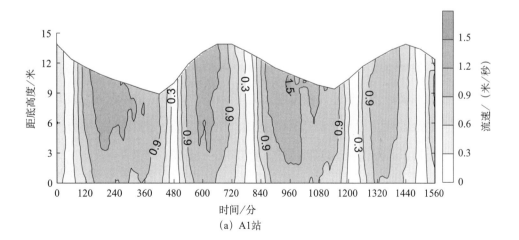

（a）A1站

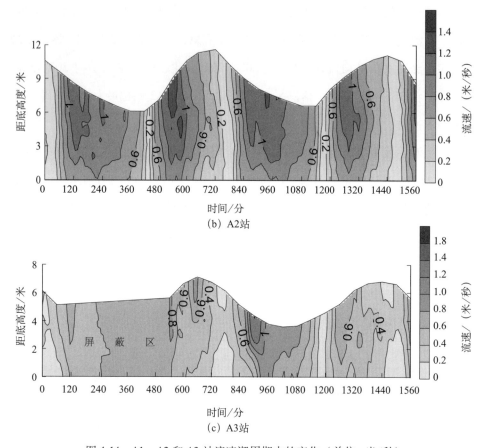

图 4-14　A1、A2 和 A3 站流速潮周期内的变化（单位：米/秒）

二、悬浮泥沙浓度潮周期变化

对悬浮泥沙浊度和浓度数据进行质量控制后，建立两者的回归曲线，将测定的连续的浊度转化为悬浮泥沙浓度。文中 A1 和 A2 站位悬浮泥沙浓度均采用浊度转化的浓度数据，由于 A3、A4 站位缺少浊度数据，仍采用实测浓度数据。利用浊度反演的悬浮泥沙浓度的相对误差可用下式计算。

$$E_r = \frac{1}{n} \sum_1^n \frac{C_f - C_s}{C_s} \times 100 \tag{4-1}$$

式中，E_r——平均相对误差（％）；

　　　C_f——浊度反演的悬浮泥沙浓度（毫克/升）；

C_s——实测的悬浮泥沙浓度（毫克/升）；

n——参与计算的数据个数。

根据现场采集的浊度数据和悬浮泥沙浓度数据，对 A1 和 A2 站位的浊度和悬浮泥沙浓度之间的相关性进行了分析。A1 和 A2 站位分别采集悬浮泥沙水样 77 个、67 个，通过回归方法分析得到了浊度和悬浮泥沙浓度之间的转换关系式（图 4-15），两个站位浊度和悬浮泥沙浓度之间有较好的线性关系，平均相对误差分别为 21.2% 和 31.7%。

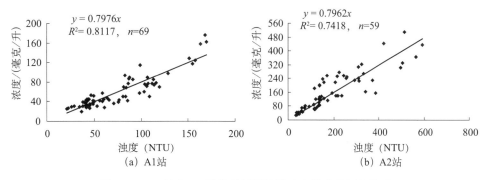

图 4-15　A1 站和 A2 站位悬浮泥沙浓度和浊度的回归关系

A1 站位最大悬浮泥沙浓度为 162.4 毫克/升，A2 站位最大悬浮泥沙浓度为 676.3 毫克/升，A3 站位最大悬浮泥沙浓度为 346.8 毫克/升，A4 站位最大悬浮泥沙浓度为 129.96 毫克/升。总体上看，四个站位中 A2 站的悬浮泥沙浓度波动最大，A4 站位悬浮泥沙浓度波动最小，A1 和 A3 站位浓度变化居中。最大浑浊带在潮周期内的平移是导致其上游和下游地区悬浮泥沙浓度变化的主要原因。A1 站位于最大浑浊带的上游，涨潮时最大浑浊带移入该地区，使得悬浮泥沙浓度发生增大；A2 站位于最大浑浊带内，浑浊带的移动对其影响较小，涨急和落急时刻垂向上分层显著，可见底部明显的高浓度区，潮流强度变化引起的再悬浮是周日内出现四个高浓度时段的主要原因；A3 站在落憩时刻出现高悬浮泥沙浓度，涨憩则出现垂向分层；A4 站位于最大浑浊带的下游，落潮时最大浑浊带移入该地区，悬浮泥沙浓度发生增大，其低浓度则是距岸较远受河流影响相对较弱形成的（图 4-16）。

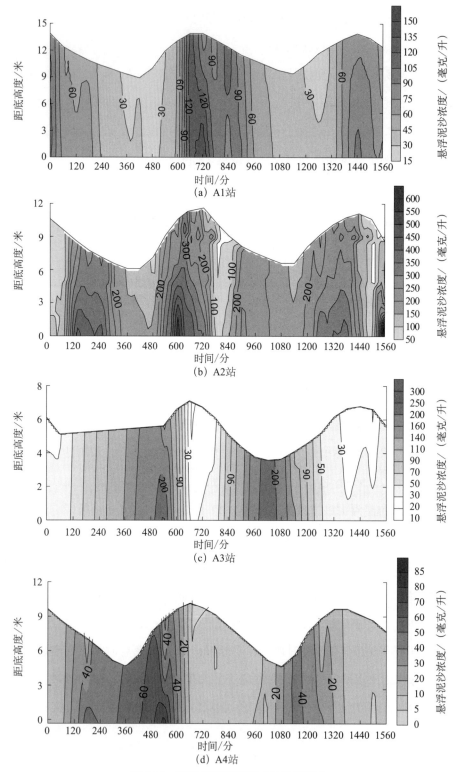

图 4-16　观测站位潮周期内的浓度变化

河口地区水动力条件复杂多变，悬浮泥沙浓度的垂向分布在不同时刻对应着不同的分布形式。A1 站位多数时刻悬浮泥沙浓度垂向梯度较小，其垂向分布主要有垂向混合均匀、中间向两端增大、底层混合均匀，表层至中层呈指数分布、指数分布四种类型（图 4-17）；A2 站位则多数时刻悬浮泥沙浓度垂向梯度较大，其垂向分布可分为"L"型、垂向混合均匀、指数分布三种类型（图 4-18），其中，"L"型和指数分布型往往发生在涨急和落急的时刻。A3 站位观测期间可见"W"型、中间向两端增大、指数分布三种类型（图 4-19）；A4 站位观测期间可见中间向两端增大、指数分布垂向混合均匀、垂向混合均匀、"W"型四种类型（图 4-20）。

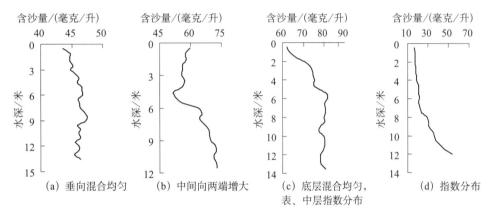

图 4-17　A1 站位悬浮泥沙垂向分布类型

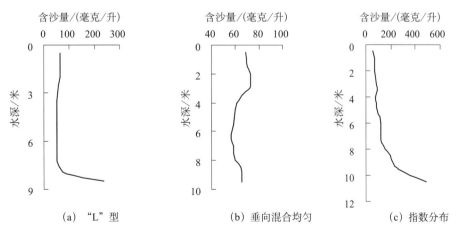

图 4-18　A2 站位悬浮泥沙垂向分布类型

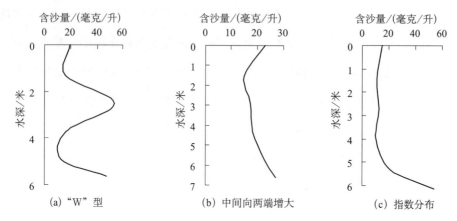

图 4-19　A3 站位悬浮泥沙垂向分布类型

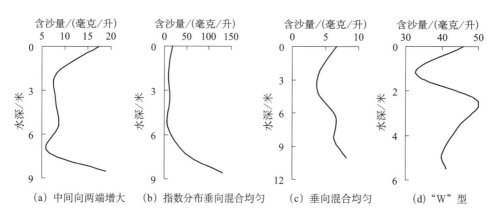

图 4-20　A4 站位悬浮泥沙垂向分布类型

三、悬浮泥沙与底质沉积物粒度潮周期变化

河口悬浮泥沙分布主要受制于物质来源和水动力条件变化（李伯根等，1999），因此观测期间悬浮泥沙粒度参数和组成在垂向、时间、平面上的变化反映了沉积动力条件、物质来源和沉积物的搬运趋势等环境信息。根据粒度分析的结果，按 $1/4\varphi$ 间隔分级，采用矩法计算悬浮泥沙和底质沉积物粒度参数（McManus，1988）

观测站位悬浮泥沙平均粒径介于 $5.33 \sim 7.25\varphi$，平均值为 6.35φ，颗粒粒径很细；分选系数介于 $1.33 \sim 2.24$，平均值为 1.59，分选较差；偏态介于 $-2.03 \sim$

1.31，平均值为 2.14，以正偏为主；峰态介于 1.83~3，平均值为 2.14，为宽峰态。比较四个站位的平均粒径，时间上，A1 站表中底三层平均粒径均在流速小的涨憩阶段较小，A3 站与 A1 站较为相似，A2 和 A4 站均呈波浪状变化；平面上，A1 和 A3 站位趋于一致，整体上表层和中层平均粒径均呈现向海变细的趋势，即 A1 最粗，A4 最细，A2 介于中间，底层大部分时刻与表层和中层变化一致，但在涨憩阶段，A1 和 A3 站位粒径变细。比较各站位表、中、底三层平均粒径，A1 和 A3 站大部分时刻由表到底粒径比较相近，但在落转涨阶段由表到底逐渐增大，这可能与两个站位径流作用较强，混合作用强烈有关，与两个站位的底质粒径较粗、悬浮作用弱也有关系，A2 和 A4 站则与 A1 和 A3 站不同，大部分时刻呈现平均粒径由表到底增大的趋势（图 4-21 ~ 图 4-24）。

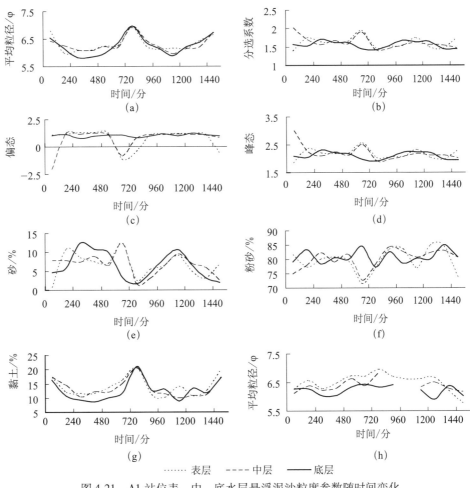

图 4-21　A1 站位表、中、底水层悬浮泥沙粒度参数随时间变化

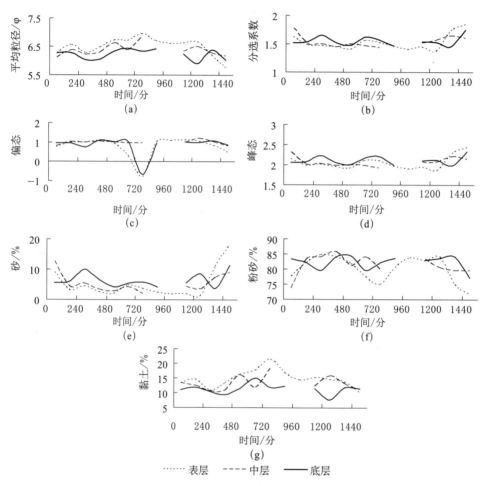

图 4-22 A2 站位表、中、底水层悬浮泥沙粒度参数随时间变化

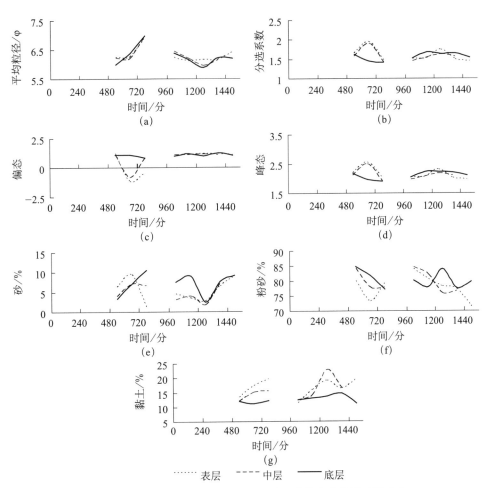

图 4-23 A3 站位表、中、底水层悬浮泥沙粒度参数随时间变化

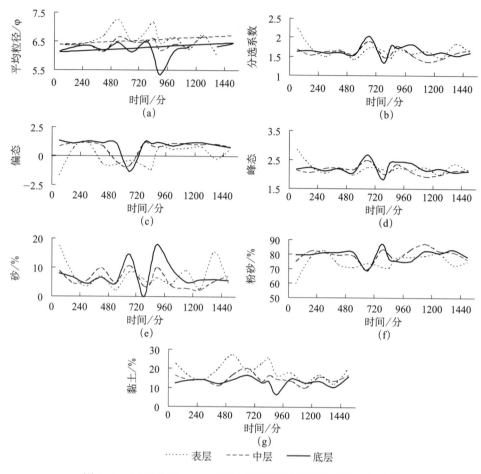

图4-24　A4站位表、中、底水层悬浮泥沙粒度参数随时间变化

粒级组成上，各站表层、中层、底层悬浮泥沙都以粉砂为主，粉砂百分含量介于59.74%～87.31%，平均值为79.53%；黏土含量次之，介于9%～27.17%，平均值为14.23%；砂含量很少，介于0.01%～18.16%，平均值为6.25%。时间上，各粒级含量均呈波动变化，底层砂粒级的含量变化与水位和流速的变化相似，这可能是底部再悬浮的反映；平面上，黏土粒级的含量呈向海变多的趋势；垂向上，多数时刻表层的黏土粒级含量大于底层的含量，砂粒级则与黏土粒级相反，底层含量大于表层含量。

闽江河口各站位不同时刻悬浮泥沙的粒度分布均为非正态分布，频率曲线都为单峰，4.5～10.5φ粒级的累计频率基本上都在85%以上，为主要的粒级；

垂向上除少数时刻外，表中底三层的频率曲线基本重合，底层粗粒组分比表层增多。悬浮泥沙频率分布均呈单峰分布，说明观测期间的悬浮泥沙物质来源较单一，以闽江携带的物质占绝对优势。

A1 和 A3 站位观测期间底质粒度参数和组成基本没有变化，沉积物类型为砂，砂粒级占明显优势，A3 站位出现少量粉砂和黏土粒级；A2 和 A4 站位与A1 和 A3 站位不同，粒度参数和组成在观测期间变化较大，在涨憩和落憩的低流速阶段出现沉积物细化，分选差，可能与悬浮泥沙沉降有关。整体上，闽江河口部分地区底质粒径在观测期间变化明显，再悬浮作用显著；底质粒径呈现向海逐渐变细，由单峰向双峰过渡的趋势，反映了悬浮颗粒物的重力分异作用，以及物源由单一趋向多元（表 4-3）。

表 4-3 各站位不同时刻底质粒度参数及组分百分含量

站位	采样时间	粒度参数				组分含量/%		
		平均粒径/φ	分选系数	偏态	峰态	砂	粉砂	黏土
A1	14：30	0.98	0.47	-0.16	0.60	100	0	0
	17：40	1.00	0.47	-0.16	0.60	100	0	0
	08：30	1.02	0.50	0.06	0.63	100	0	0
	10：00	1.07	0.45	-0.10	0.58	100	0	0
A2	12：00	3.73	2.82	2.52	3.43	59.76	30.70	9.54
	14：00	5.07	2.60	-0.94	3.07	34.81	53.16	12.03
	15：00	4.07	2.86	2.30	3.37	54.53	34.59	10.87
	18：00	4.53	2.69	1.86	3.18	46.20	42.68	11.12
	21：00	2.99	2.71	2.76	3.51	69.50	24.15	6.35
	00：00	4.59	2.75	1.81	3.23	45.97	41.94	12.09
	06：20	4.51	2.78	1.89	3.26	46.81	41.32	11.88
	09：00	4.37	2.93	1.91	3.39	47.44	40.43	12.13
A3	22：00	1.50	1.51	2.10	2.74	92.13	6.97	0.90
	04：00	1.24	1.21	1.81	2.45	95.67	3.89	0.44
	07：00	2.00	2.26	2.81	3.50	84.12	12.36	3.52
	10：00	1.31	1.33	1.98	2.63	94.45	4.82	0.73
	13：00	1.72	2.12	2.76	3.44	86.78	10.52	2.70

续表

站位	采样时间	粒度参数				组分含量/%		
		平均粒径/φ	分选系数	偏态	峰态	砂	粉砂	黏土
A4	12：40	5.87	2.60	-1.99	3.31	21.05	59.18	19.77
	15：00	6.60	1.89	0.89	2.40	7.68	68.88	23.44
	21：00	5.76	2.25	1.05	2.84	23.30	59.14	17.56
	00：25	6.21	2.32	-1.63	3.06	14.87	63.22	21.91
	03：15	6.01	2.51	-1.79	3.22	18.67	59.26	22.07
	06：20	4.73	3.22	-1.90	3.68	36.95	48.51	14.50
	09：00	5.83	2.72	-2.08	3.42	22.94	55.43	21.61
	12：15	4.57	3.04	1.59	3.49	44.49	40.89	14.62

四、底质再悬浮在悬沙颗粒组分上的响应

采用 Miller 等（1977）提出的泥沙起动公式计算起动流速（U_{cr100}，用距离底床 1m 的流速表示）。由表 4-4 可知，A1 站位观测期间起动流速没有变化，为 0.51 米/秒；A2 站位起动流速变化范围介于 0.21 ~ 0.45 米/秒，波动显著；A3 站位观测期间起动流速变化很小，介于 0.49 ~ 0.51 米/秒。根据实际观测的流速资料，三个站位在观测期间均可能发生再悬浮，但再悬浮的强度不尽相同，A1 和 A2 站位流速大于起动流速的时间分别占观测时间的 73.1% 和 82.2%（图 4-25）。

表 4-4　A1、A2 与 A3 站不同时刻底质泥沙起动流速

站位	采样时间	平均粒径/φ	起动流速 U_{cr100}/（米/秒）	平均起动流速/（米/秒）
A1	14：30	0.98	0.51	0.51
	17：40	1.00	0.51	
	08：30	1.02	0.51	
	10：00	1.07	0.51	

续表

站位	采样时间	平均粒径/φ	起动流速 U_{cr100}/（米/秒）	平均起动流速/（米/秒）
A2	12：00	3.73	0.40	0.30
	14：00	5.07	0.21	
	15：00	4.07	0.36	
	18：00	4.53	0.25	
	21：00	2.99	0.45	
	00：00	4.59	0.25	
	06：20	4.51	0.26	
	09：00	4.37	0.26	
A3	22：00	1.50	0.50	0.50
	04：00	1.24	0.51	
	07：00	2.00	0.49	
	10：00	1.31	0.51	
	13：00	1.72	0.51	

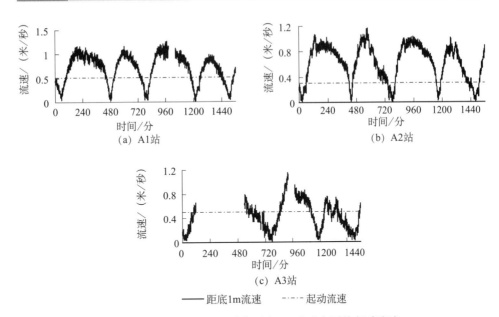

图 4-25　A1、A2 与 A3 站位距底 1m 流速与平均起动流速

由近底悬浮泥沙浓度和距底床 1 米流速（U_{100}）的关系（图 4-26）可以看出：A1 站位的近底浓度在观测期间与 U_{100} 相关性很弱；而 A2 站位的近底浓度则与 U_{100} 相关性明显，线性相关系数达到 0.64，表明该站位存在明显的再悬浮

作用。A3 站位由于近底浓度的数据较少，没有与流速做线性相关分析，但从采集的数据来看，该站位的近底浓度和 U_{100} 具有一定的相关性，大体呈现高流速对应高浓度、低流速对应低浓度的趋势。

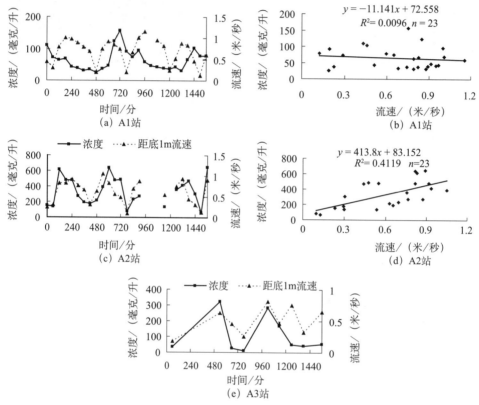

图 4-26　A1、A2 与 A3 站位近底悬浮泥沙浓度和距底 1m 流速的关系

部分泥沙颗粒进入或脱离悬浮状态必然导致悬浮泥沙级配的变化，悬浮泥沙级配的时空变化蕴含着再悬浮和沉降信息，因此可根据悬浮泥沙级配的变化反演再悬浮和沉降作用（李占海等，2006）。根据各个站位悬浮泥沙样品在观测期间各粒级含量的标准偏差-粒级分布曲线，可以清楚地看出观测期间悬浮泥沙中粒度组成间的变化，标准偏差大的组分，其在各样品中的含量变化就大，反之亦然。

观测期间，A1 站位各粒级含量的标准偏差在表、中、底等三层变化趋势基本相同，均在 5φ 和 7.5φ 附近出现 2 个峰值，且由表到底峰值对应的粒径 φ 值呈减小趋势。此外，表层在 2 ~ 3φ 出现一个小峰值，中层存在 0φ 左右的粗颗粒组分，表明各层水体砂粒级组分含量的差异更大；由表层到底层，各粒级的标准偏差逐渐减小，在峰值附近更为明显，这表明水体上部的粒度组成变化更复杂，主要由底部再悬浮作用掀起的粗颗粒向上扩散造成（图 4-27）。

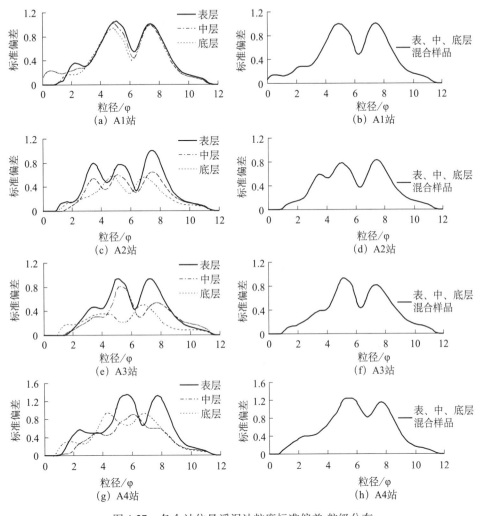

图 4-27　各个站位悬浮泥沙粒度标准偏差-粒级分布

A2 站位各粒级含量的标准偏差在表、中层变化趋势基本相同，在 3.5Φ、5Φ 和 7.5Φ 附近出现 3 个峰值，底层与表、中层的变化趋势不一致，只在 5Φ 和 7Φ 附近出现 2 个峰值，且峰值所对应的粒径 Φ 值要小于上层水体显示表层和中层较底层细一些颗粒的含量变化大一些，尤其表层，可能是底部细颗粒向上扩散的结果。由表层到底层，各粒级的标准偏差大体上呈减小的趋势，在峰值附近这种趋势比 A1 站更为明显。

A3 站位表层悬浮泥沙各粒级标准偏差在砂、粉砂组分分布范围内共对应 3 个峰值，中层则只在粉砂组分分布范围内对应 2 个峰值，底层的峰值较中层增多，且底层峰值对应所对应的粒径 Φ 值要小于上层水体；表层的各粒级的标准偏差基本上都大于下层水体，而中层和底层的标准偏差-粒级分布曲线则出现多处交叉。

A4 站位悬浮泥沙各粒级标准偏差在表层至底层在砂、粉砂组分分布范围内都对应三个峰值，其中砂组分的峰值小，中层则只在粉砂组分分布范围内对应的峰值比较明显，底层也有三个峰，所对应的粒径 Φ 值要小于表层水体；表层至底层的标准偏差-粒级分布曲线则出现多处交叉，但标准偏差在峰值处均为表层大于下层。显示表、中、底悬浮颗粒组分的巨大差异，上部水体尤甚。

总之，随着水深的减小，标准偏差呈增大趋势，敏感组分增多，四个站位各粒级含量在观测期间的变化反映了再悬浮作用的影响。A2 站、A3 站和 A4 站位表、中、底三层水体各粒级标准偏差在峰值处的变化均较 A1 站更加显著，显示了这些站位具有比 A1 站位更强的再悬浮作用。

对比 A1、A2 和 A3 站位的底质平均粒径和距底 1m 流速（U_{100}）可以发现（图 4-28）：A1 站位的底质粒度在观测期间基本保持稳定，与流速响应关系小，这与 A1 站位所处的位置平均流速大，细颗粒泥沙不易落淤，而且底质粒径分布范围小、峰态非常窄有关；A2 站的底质平均粒径则与流速关系密切，流速增大，底质颗粒变粗，反之变小，而这与再悬浮过程中的流速高时底质再悬浮、流速低时底质沉降相一致，即高流速使底质中的细颗粒再悬浮，致使底质平均粒径变粗，而低流速时细颗粒沉降，底质平均粒径变细；A3 站位与 A2 站相似。

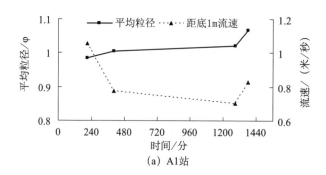

(a) A1站

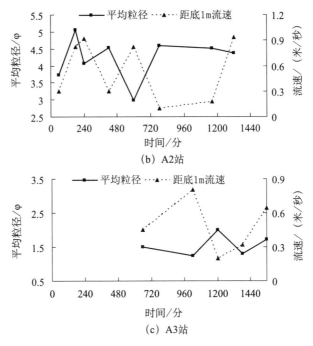

（b）A2站

（c）A3站

图 4-28　A1、A2 与 A3 站位底质平均粒径与距底 1m 流速变化

五、悬浮泥沙水平输运过程

王康墡和苏纪兰（1987）建立了断面悬浮泥沙输运机制的计算模型，沈健等（1995）、高建华等（2003）将断面的计算模型应用到点上计算了单宽悬浮泥沙输运率。根据点上的悬浮泥沙输运计算模型。

瞬时流速 $u(z,t)$ 可分解为垂向平均量 $\bar{u}$ 及其偏差量 u'，即

$$u(z,t) = \bar{u} + u' \tag{4-2}$$

$\bar{u}$ 和 u' 又可分解为潮平均量和潮变化量之和：

$$\bar{u} = \bar{u}_0 + \bar{u}_t \qquad u' = u_0' + u_t' \tag{4-3}$$

瞬时流速最终可分解成：$u(z,t)\bar{u}_0 + \bar{u}_t + u_0' + u_t'$ $\tag{4-4}$

式中，$\bar{u}_0$ ——流速垂向平均量的潮平均量；

$\bar{u}_t$ ——流速垂向平均量的潮变化量；

u_0' ——流速垂向偏差量的潮平均量；

$u_t{}'$——流速垂向偏差量的潮变化量。

同理瞬时悬浮泥沙浓度可分解成：$c(z,t) = \overline{c_0} + \overline{c_t} + c_0{}' + c_t{}'$ (4-5)

由上可得瞬时单宽悬沙输运率为：

$$\int_0^1 hucdz = h\overline{u_0}\,\overline{c_0} + h\overline{u_0}\,\overline{c_t} + h\overline{u_t}\,\overline{c_0} + h\overline{u_t}\,\overline{c_t} + h\overline{u_0{}'c_0{}'} + h\overline{u_0{}'c_t{}'} + h\overline{u_t{}'c_0{}'} + h\overline{u_t{}'c_t{}'}$$

$$\quad\quad E1 \quad\quad E2 \quad\quad E3 \quad\quad E4 \quad\quad E5 \quad\quad E6 \quad\quad E7 \quad\quad E8$$

(4-6)

式中，z——相对水深（$0 \leqslant z \leqslant 1$）；

E1——平均流引起的平均输运；

E2 和 E3——潮周期平均量与潮变化量的相关项；

E4——潮汐振荡引起的输运；E5——时均量引起的扩散；

E6 和 E7——时均量与潮变化量引起的剪切扩散；

E8——潮振荡引起的剪切扩散。

潮周期平均单宽悬沙输运率为

$$\frac{1}{T}\int_0^T\int_0^1 hucdzdt = h_0\overline{u_0}\,\overline{c_0} + \langle h_t\overline{u_t}\rangle\overline{c_0} + \langle h_t\overline{c_t}\rangle\overline{u_0} + \langle h_t\overline{u_t}\,\overline{c_t}\rangle + h_0\overline{u_0{}'c_0{}'} + \langle h_t\overline{u_0{}'c_0{}'}\rangle +$$

$$\quad\quad T1 \quad\quad T2 \quad\quad\quad T3 \quad\quad T4 \quad\quad T5 \quad\quad T6$$

$$\langle h_t u_t{}'c_0{}'\rangle + \langle h_t u_t{}'c_t{}'\rangle$$

$$\quad T7 \quad\quad T8$$

(4-7)

式中，$\langle\ \rangle$——潮周期平均；

T1——平均流引起的悬沙输运；

T2——潮汐与潮流相关项，即斯托克斯漂移输运量；

T1 + T2——平流输运；

T3——潮汐与悬浮泥沙浓度的潮变化相关项；

T4——悬浮泥沙与潮流场变化相关项；

T5——垂向流速变化和悬浮泥沙浓度变化的相关项；

T6——时均量引起的剪切扩散；

T7——潮变化引起的剪切扩散；

T8——垂向潮振荡引起的剪切扩散。

1. 瞬时悬浮泥沙输运

瞬时输运率的变化取决于某一时刻的水位、流速和悬浮泥沙浓度。根据式 (4-6)，瞬时输运率可分为 E1 ~ E8 八项，各项在潮周期内的变化规律不同，其中 E1 ~ E4 四项是悬浮泥沙输运的最主要机制。

A1 站位 E1 与水深呈同步变化，变化幅度较小，最大值为 0.23 千克/（米/秒），出现在高潮位；E2 与 E1 的变化趋势大体相同，但 E2 的变化幅度较 E1 偏大，最大值为 0.21 千克/（米/秒），同样出现在高潮位；E3 的变化最为剧烈，与流速呈现一致的变化，最大值为 - 1.07 千克/（米/秒），出现在涨急过程中；E4 的变化较为杂乱，最大值出现在涨急过程中，为 - 1.38 千克/（米/秒）。总瞬时输运率的最大值出现在涨急过程中，为 - 2.09 千克/（米/秒），与 E3 具有一致的变化特征，这说明 E3 项是控制总瞬时输运率变化的主导因素（图 4-29）。

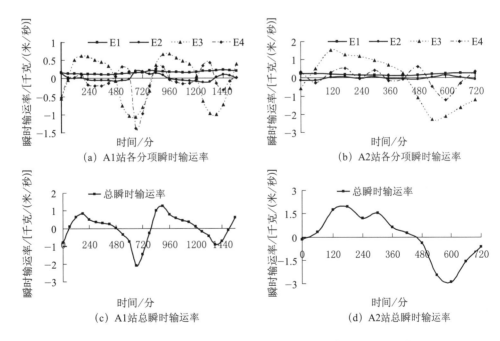

图 4-29　A1 和 A2 站位悬浮泥沙单宽瞬时输运率随时间的变化

A2 站位 E1、E2、E3 的变化与 A1 相似，但存在一定的相位差。E1 最大值为 0.27 千克/（米/秒），出现在高潮位；E2 的最大值为 0.14 千克/（米/秒），出现在涨急时刻；E3 的最大值为 -2.3 千克/（米/秒），同样出现在涨急过程中；E4 呈较为规则的波浪形变化，最大值出现在涨急过程中，为 -1.21 千克/（米/秒）。总瞬时输运率的最大值出现在涨急过程中，为 -2.88 千克/（米/秒），和 A1 相同与 E3 具有一致的变化特征。

从各分项和总瞬时输运率的变化过程看，两个站位的 E3、E4 和总输运率的最大值均出现在涨潮阶段，可见涨潮流在悬浮泥沙输运过程中占有更重要的地位。比较两个站位的总悬浮泥沙输运率可以发现，同时刻 A2 站位的瞬时输运率基本上都略大于 A1 站位，根据站位的位置，A1 位于闽江河口分汊处，而 A2 位于分汊河道内，这说明，A2 站位的物质来源要多于 A1 站位，强烈的底质再悬浮是使 A2 站位瞬时输运率大于 A1 站位的主要原因。

2. 潮周期平均悬浮泥沙输运

观测期间的第一个涨落潮周期内，A1 和 A2 站的净输运率方向均向陆，A1 站位的潮周期平均输运率为 -0.13 千克/（米/秒），A2 站位为 -0.03 千克/（米/秒），A1 站位明显大于 A2 站位，这与两个站位的位置有关，长门水道和梅花水道在 A1 站位附近交汇，使得 A1 站位的输运率大于 A2 站。潮周期平均输运率可分为 T1~T8 八项，各分项对悬浮泥沙输运率的贡献不同，其中 T1、T2、T3、T4 和 T8 对悬浮泥沙输运的贡献最大，T1 和 T2 项共同作用产生的平流作用更是起到了主导作用。

两个站位的平均流引起的悬浮泥沙输运（T1）均向海，斯托克斯漂移输运（T2）则均向陆，两者相互制约，促进了海陆之间的物质交换。A2 站的斯托克斯漂移效应较 A1 明显，这与 A2 站位所在的梅花水道涨潮流作用增强相关。悬浮泥沙与潮流场变化（T4）产生的潮汐捕集作用也十分明显，滩槽间泥沙交换、底质泥沙再悬浮以及潮周期不对称输沙是导致 T4 增大的主要原因，在 A1 站位中 T4 的贡献显著，大于 T1 和 T2 的贡献，A2 站位中 T4 的相对贡献较小。垂向潮振荡引起的剪切扩散（T8）在 A1 站位中的贡献率较低，远远低于 T1、T2 和 T4，而在 A2 站中贡献率明显增大，超过了 T4 的贡献率，两个站位的差异的原因主要是不同的再悬浮作用。T3 在两个站位中的贡献率都较小，这与悬浮泥沙浓度与潮位之间存在一定的相位差有关。垂向流速变化和悬浮泥沙浓度变化的相关项（T5）、时均量引起的剪切扩散（T6）、潮变化引起的剪切扩散（T7）引起的输运数量非常小，可以不予考虑（表4-5）。

表4-5　A1 和 A2 站位潮周期平均输运率及各分项贡献率

[输运率单位：千克/（米/秒）]

站位	类别	T1	T2	T3	T4	T8	w	净输运率
A1	输运率	0.13	−0.07	0.01	−0.2	−0.002	0.00002	−0.13
	百分比/%	98.3	−55.3	6.5	−152.2	−1.16	0.0015	−100
A2	输运率	0.2	−0.17	0.001	−0.03	−0.03	0.00004	−0.03
	百分比/%	615.4	−535.4	3.8	−89.6	−94.3	0.0136	−100

注：向海为正，向陆为负；$w = T5 + T6 + T7$

第三节　小　　结

1）闽江流域降水没有明显的年际变化特征，径流量和含沙量季节性变化显著。

2）整体上，1970～1992 年流量和含沙量呈良好的正相关关系，闽江干流的含沙量显著地被降水造成的流量变化控制。1992 年后含沙量显著减少，含沙量和流量之间的相关关系也明显变差，除降水等因素外，水库建设造成大量泥沙被拦蓄也是含沙量显著减少的重要因素。

3）闽江干流断面 1980～2000 年冲淤变化不大，断面基本稳定；2000～2005 年由于受采砂等影响，断面发生严重冲刷下切，2005～2006 年竹岐站含沙量的增加可能与其有关。

4）闽江河口地区水动力条件复杂多变，悬浮泥沙浓度的垂向分布在不同时刻对应着不同的分布形式；梅花水道悬浮泥沙浓度波动较大，可见明显的浓度垂向分层。

5）闽江河口悬浮泥沙粒径很细，分选较差，粒级偏向粗颗粒一侧，粒级组成上以粉砂为主，单峰分布，物质来源单一，以闽江携带的物质占绝对优势。

随着水深的减小，粒级含量标准偏差呈增大趋势，敏感组分增多，悬浮泥沙各粒级含量在观测期间的变化反映了再悬浮作用的影响。

6）梅花水道再悬浮作用明显，近底浓度与 U_{100} 的相关性明显，线性相关系数达到 0.64；底质平均粒径与 U_{100} 关系密切，流速增大，底质颗粒变粗，反之变小。

7）涨潮流在悬浮泥沙输运过程中占有更重要的地位，强烈的底质再悬浮是使分汊水道瞬时输运率大于主水道的主要原因。平均流引起的悬浮泥沙输运方向向海，斯托克斯漂移效应引起的输运方向向陆，两者共同产生的平流输运在闽江河口区起主导作用，潮汐捕集作用和垂向潮振荡引起的剪切扩散的作用也十分明显，同样是引起闽江河口悬浮泥沙输运的重要因素。

第五章

近百年闽江口海底地貌演变及成因

　　闽江河口属山溪性强潮河口，水动力条件复杂，水下地形变化多样，泥沙堆积作用强烈，加上汊道多及其口门浅滩发育，滩槽转换迁移快速，这些对闽江下游及河口的泄洪、排涝、通航，以及区域经济建设布局等带来很大影响，开展闽江口地貌演变与成因研究具有重要意义。

　　根据水下地形等特征，闽江河口区海底地貌可分为前三角洲、三角洲前缘斜坡、水下三角洲平原和水下岸坡。前三角洲与三角洲前缘斜坡大致以15～25米水深为界，自南向北该分界变深。前三角洲海底地形坡度小，一般不超过0.7/1000，略向东倾斜；三角洲前缘斜坡坡度一般大于1.5/1000，可超过3/1000。三角洲前缘斜坡与水下三角洲平原一般以0～2米等深线为界，部分可更深，水下三角洲平原地形坡度明显小于三角洲前缘斜坡，受水下河道的影响，地形起伏。水下河道/潮汐通道主要位于川石水道、梅花水道、乌猪水道、熨斗水道，是径流与涨潮流的主要通道，其中的川石水道发育最好，一直向东延伸到7米左右的水深附近。

第一节　研究方法

　　历史资料比较是揭示地形地貌演变的主要手段，通过调研收集了闽江口1913年、1950年、1975年、1986年、1999年和2005年的历史海图资料。

　　1913年和1950年的海图由英国海军出版，其采用的投影系统和水深基面一致，为便于描述将它们简称为"英版图"；1975年以后的图由中国人民解放军海军司令部航海保证部出版，投影系统与水深基面基本一致，简称为"中版图"。中版图2005年采用WGS84坐标系，1995年采用北京54坐标系，1975年和1986年未标明采用的坐标系，考虑到我国制图历史，应该与1995年采用的一致；英版图坐标系统不明。两个版式的图均采用墨卡托投影，中版图基准纬线为北纬26°06′，英版图基准纬线为北纬26°05′。中版图采用理论深度基准面，英版图的水深基面为正常大潮低潮面，且水深值为英尺①。

历史图件的比较需统一在一个制图标准下，为此将闽江口历史海图用 Graph-TEC IS200 Pro 型扫描仪扫描进计算机，经图像配准，用 ArcGIS 软件 ArcScan 模块数字化海岸线、等深线、水深点，采用 kriging 内插的网格化方法，对数据进行加密，使间断的、离散的数据连续化，生成规则的直角型网格，从而建立各个年份的栅格文件，生成规则网格的闽江口地区数字地形模型（digital elevation model，DEM）。由于各海图的投影系统和水深基面有差别，参照汪家君（1995）的方法做坐标转换和深度基准面的转换，在统一基准面的基础上，对选定年份的 DEM 数据进行减法运算，绘制出闽江口海底冲淤变化分布等图。

为了便于比较，对于坐标系统明确的海图，将相应坐标系在 ArcGIS 中转换为 WGS-84 坐标系；英版图坐标系统不明，假设为 WGS-84 坐标。结果表明两版图在粗芦岛、川石岛（大部分为基岩海岸）有明显偏移，显示制图时采用椭球的差异会造成较大的对比误差，加上水深基面难以换算。故在实际比较过程中，仅在明显变化处进行比较，避免或减少两版海图间系统差异引起的影响。此外也考虑定位误差，早期图件的比较也仅在变化明显处进行。

第二节　闽江口地形地貌演变主要特征

一、岸线主要变化特征

如图 5-1 所示，1913 ~ 1950 年，粗芦岛西岸向西推进了数百米，而大陆岸线向东推进数百米，使得乌猪水道大为缩窄，水道弯曲程度减小，水道各处宽度也趋于接近。琅岐岛南侧的两个沙洲冲淤不一，北侧的雁行洲总体处于淤积

---

① 1 英尺 = 0.3048 米。

状态，向东伸展，面积扩大；南侧的三分洲略并向北迁移，使得两沙洲间的水道缩窄。闽江口南岸岸线变化不大，但由于三分洲北移，梅花水道在此略变宽。

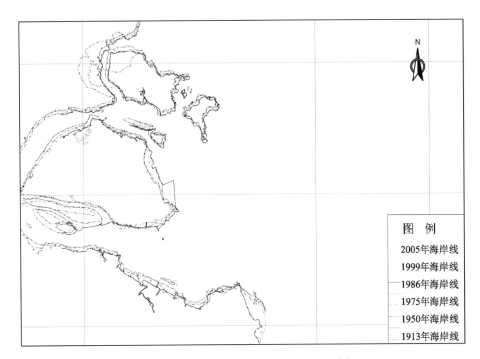

（a）闽江口历史海岸线分布示意图（1913~2005年）

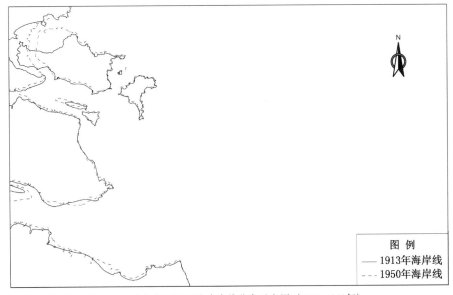

（b）闽江口历史海岸线分布示意图（1913~1950年）

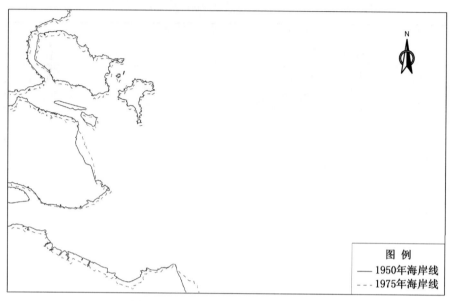

（c）闽江口历史海岸线分布示意图（1950~1975年）

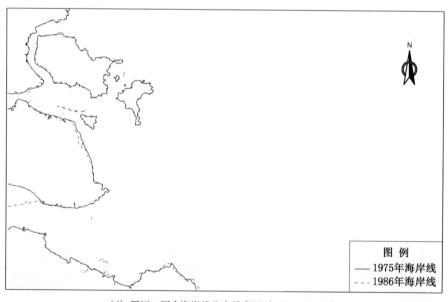

（d）闽江口历史海岸线分布示意图（1975~1986年）

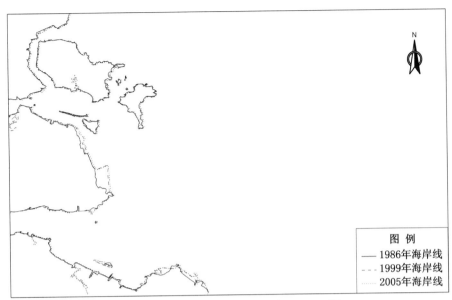

图 例
—— 1986年海岸线
---- 1999年海岸线
‥‥‥ 2005年海岸线

（e）闽江口历史海岸线分布示意图（1986~2005年）

图 5-1　闽江口海岸线变化示意图

1950 ~ 1975 年，比较明显的变化是琅岐岛东侧岸线向海推进了数十米；梅花镇东侧闽江口南岸岸线向海推进了数十米，淤积较快。

1975 ~ 1986 年，岸线变化主要集中在琅岐岛南面的雁行洲和三分洲上，在人工建堤后，琅岐岛已经和雁行洲、三分洲连接在一起，使得整个梅花水道西半段的过水断面明显减小，对径流外泄不利。

1986 年以后年岸线变化不大，琅岐岛的东侧由于围垦养殖，岸线向海推进。梅花镇以东闽江口南岸向外略有淤长，但速度不如 1975 年以前。

二、海底冲淤变化特征

因海底地形变化在不同时期的不同地点发生不同的变化，为反映海底冲淤变化，以形成的海底地形 DEM 模型为基础，通过叠加相减分别统计闽江口各时期海底地形变化的总淤积量、总冲刷量、淤积面积、冲刷面积、平均淤积强度、平均冲刷强度、净淤积量、净淤积厚度和净淤积速率等来反映河口区地形的总体变化。

总的来说，1986 ~ 1999 年，河口整体呈冲刷状态，其余年份呈淤积状态；1913 ~ 1999 年，各时期淤积量和淤积速率不断减少，直至 1986 ~ 1999 年的净冲刷，1999～2005 年快速的淤积，超过以往各时期，达到 1913～1950 年的 3 倍（表 5-1，图 5-2）。

表 5-1　闽江口海底冲淤特征表

年份	淤积量/10^8米^3	冲刷量/10^8米^3	淤积面积/10^8米^2	冲刷面积/10^8米^2	平均淤积厚度/米	平均冲刷厚度/米	净淤积量/10^8米^3	净淤积厚度/米	净淤积速率/(10^8米^3/年)
1913～1950	3.67	0.97	3.35	1.56	1.10	0.62	2.70	0.55	0.073
1950～1975	2.78	1.17	2.93	1.69	0.95	0.69	1.61	0.35	0.064
1975～1986	1.67	1.03	2.61	1.91	0.64	0.54	0.64	0.14	0.058
1986～1999	1.24	1.46	2.10	2.43	0.59	0.60	-0.22	-0.05	-0.017
1999～2005	1.83	0.43	3.49	1.05	0.52	0.41	1.40	0.31	0.233

三、河口浅滩迁移与变化

1. 浅滩迁移情况

梅花水道及外侧浅滩，1913 年时水道被浅滩分隔成三条水道，浅滩东端伸向北支口外，略阻隔川石水道流出水沙，显示梅花水道在当时具有较好的输出水沙能力；1950 年时水道浅滩与琅岐岛岸外浅滩相接，水道变窄，浅滩东端南缩，对北支的阻流效应减弱；1975 年后浅滩向南、向上游迁移和扩张，南分汊变窄直至封闭；1999 年以后浅滩进一步发育，水下河道进一步缩窄，甚至呈心滩状。

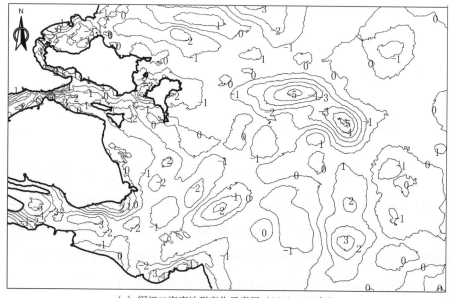

(a) 闽江口海底地形变化示意图（1913～1950 年）

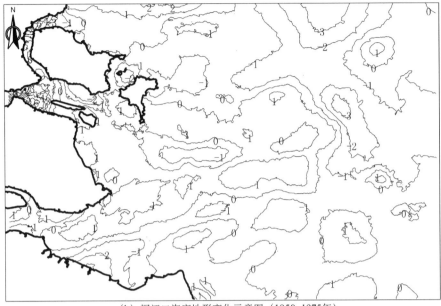

（b）闽江口海底地形变化示意图（1950~1975年）

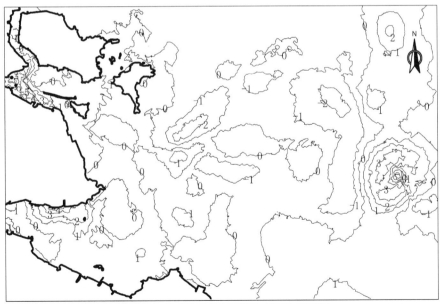

（c）闽江口海底地形变化示意图（1975~1986年）

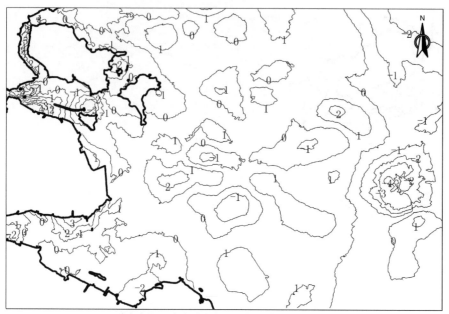

(d) 闽江口海底地形变化示意图（1986~1999年）

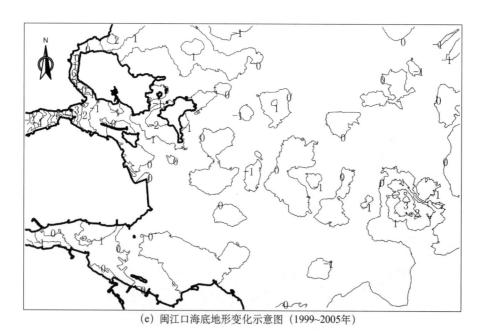

(e) 闽江口海底地形变化示意图（1999~2005年）

图 5-2　闽江口海底地形变化示意图（负值表示冲刷，正值表示淤积）

川石水道及外侧浅滩，1913 年水道略受梅花水道外延伸浅滩的阻隔，壶江水道尚在发育中；1950 年时口外阻流浅滩逐渐消失，与梅花水道相反，川石水道明显成为闽江入海主通道；1975 年时壶江水道形成，呈双汊道形态；1999 年后变化不大。

川石岛东南侧浅滩，1950 年时为两个小浅滩；1975～1986 年面积扩大，逐渐成为一体；1999 年分裂成两个部分，面积减小；2005 年显示有明显的扩大（图 5-3，图 5-4）。

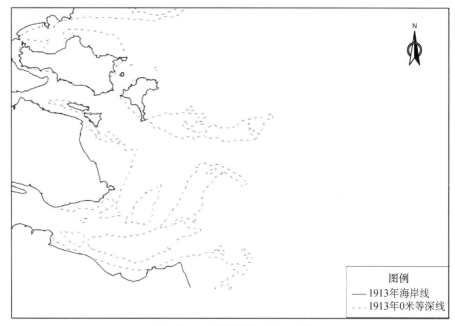

（a）闽江口 0 米等深线分布（1913 年）

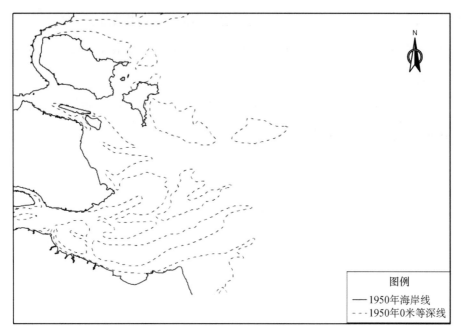

（b）闽江口0米等深线分布（1950年）

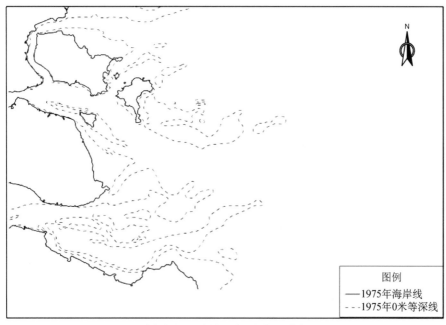

（c）闽江口0米等深线分布（1975年）

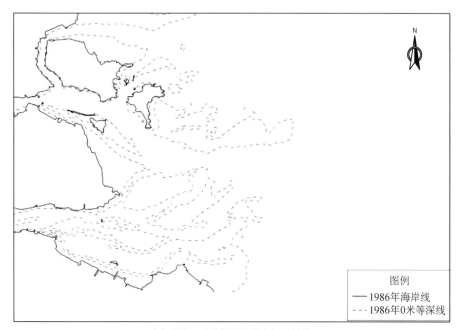

（d）闽江口0米等深线分布（1999年）

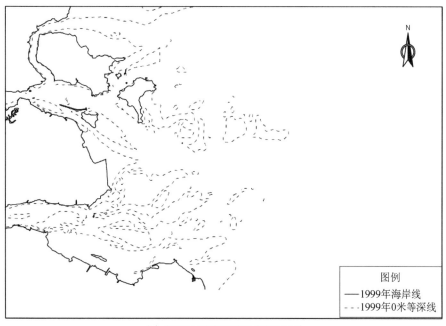

（e）闽江口0米等深线分布（1986年）

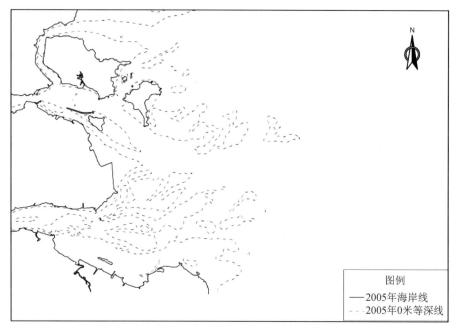

（f）闽江口0米等深线分布(2005年)

图 5-3　历年河口浅滩位置示意图

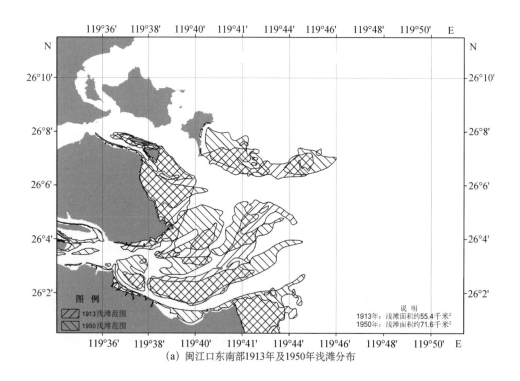

（a）闽江口东南部1913年及1950年浅滩分布

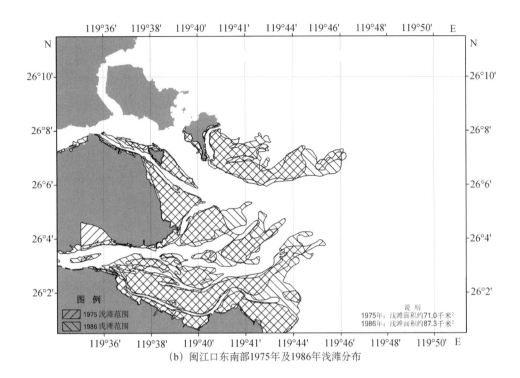

（b）闽江口东南部1975年及1986年浅滩分布

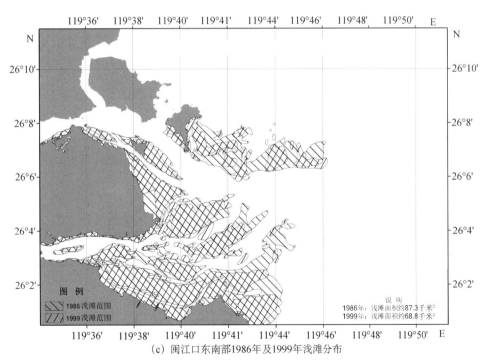

（c）闽江口东南部1986年及1999年浅滩分布

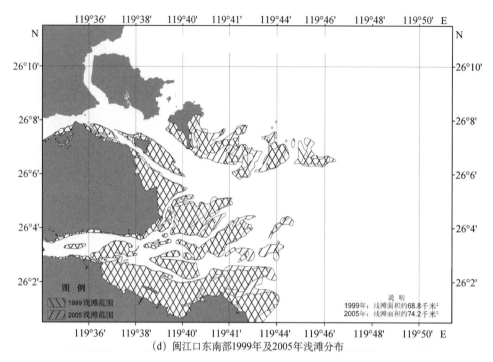

图 5-4　闽江口浅滩迁移变化示意图

2. 浅滩面积变化

河口浅滩面积与位置变化反映了河口滩槽的迁移和河口地貌的演化。从闽江口 0 米等深线分布可以看出，1913～2005 年近百年的时间里，总体表现为面积增加，仅 1986～1999 年面积减小，其中 1975～1986 年增加速率最高，达到 1.91×10^6 米²/年，1999～2005 年次之，为 1.67×10^6 米²/年，1950～1975 年仅 0.04×10^6 米²/年，而 1986～1999 年为 -1.92×10^6 米²/年（表 5-2、表 5-3）。

表 5-2　闽江口 0 米线以浅海域面积　　　（单位：10^8 米²）

年份	1913	1950	1975	1986	1999	2005
面积	0.65	0.85	0.86	1.07	0.82	0.92

表 5-3　闽江口 0 米线以浅海域面积变化速率

（单位：10^6 米²/年）

时期	1913～1950 年	1950～1975 年	1975～1986 年	1986～1999 年	1999～2005 年
面积变化速率	0.54	0.04	1.91	-1.92	1.67

第三节　海底三角洲地形断面变化

自南向北选取七个断面，断面位置及其地形变化见图 5-5 和图 5-6，三角洲前缘斜坡的发展特征如表 5-4 和表 5-5，各断面地形变化图中的方框为计算水下三角洲前缘变化的范围。

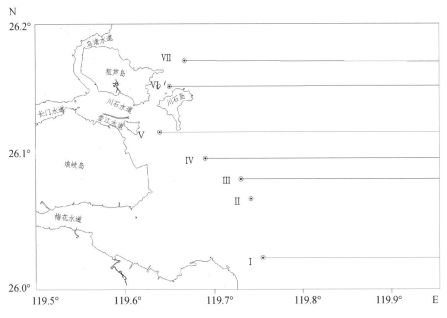

图 5-5　三角洲前缘断面位置示意图

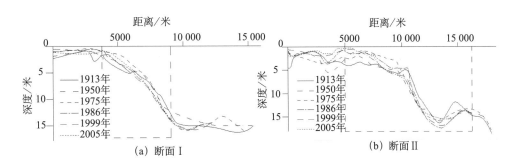

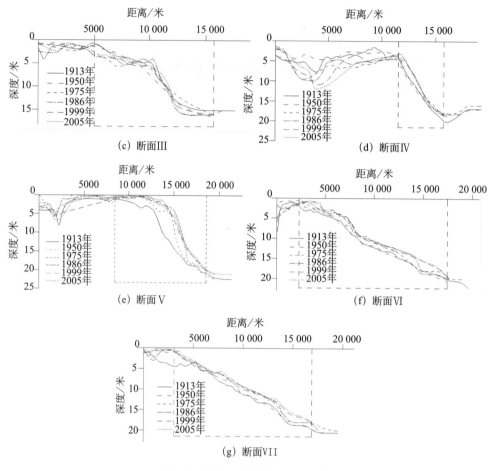

图 5-6 海底地形断面变化示意图

表 5-4 闽江口水下三角洲前缘各断面不同时期平均堆积速率

（单位：厘米/年）

年份	断面 I	断面 II	断面 III	断面 IV	断面 V	断面 VI	断面 VII
1913~1950	0.38	-1.89	-1.38	-0.14	2.22	0.19	0.54
1950~1975	1.24	0.64	2.48	1.44	2.20	1.88	1.76
1975~1986	-2.82	-1.82	-3.73	4.45	2.55	1.73	1.18
1986~1999	-0.62	-0.62	0.31	-0.77	-2.15	0.92	-0.62
1999~2005	1.33	3.17	-0.33	2.33	4.33	1.50	3.33

表 5-5 不同断面 -10m 线推进距离统计 （单位：米）

年份	断面 I	断面 II	断面 III	断面 IV	断面 V	断面 VI	断面 VII
1913~1950	-288	-560	-476	-214	1336	78	366
1950~1975	-20	145	451	251	676	680	919

年份	断面 I	断面 II	断面 III	断面 IV	断面 V	断面 VI	断面 VII
1975～1986	−177	173	−141	476	140	369	198
1986～1999	−104	−114	102	0	−311	−574	−576
1999～2005	138	−84	251	84	159	344	614

总体来看，1913～2005 年水下三角洲南部多为侵蚀，北部多为淤积。1986～1999 年水下三角洲多表现为侵蚀，其余年份主要为淤积。

第四节　近百年河口地貌演化控制因素

一、闽江建坝及入海泥沙变化

1913～1999 年，河口海底淤积速率减小与径流年输沙量呈减小的趋势一致；径流含沙量和输沙量在 1993 年明显减小，而河口浅滩面积减小和总体呈冲刷状态出现在 1986～1999 年。即泥沙供应减少与海底淤积减弱和发生冲刷的情况基本一致，而1999～2005 年浅滩面积的增加，可能与 2005 年以后泥沙供应显著增加有关。

二、南北两分支河道流量分配的效应

以汤军健等建立的数值模型（汤军健等，2009）为基础，计算了 5 个关键断面 25 个小时断面流量，断面 F_1～断面 F_5 分别位于川石水道、梅花水道东段、长门水道、梅花水道西段、亭江附近（图 3-11）。断面 F_1～断面 F_5 净输出流量分别为63.42×10^8 米^3、50.97×10^8 米^3、110.19×10^8 米^3、27.42×10^8 米^3 和169.44×10^8 米^3。

模拟计算结果显示，大约80%的水流流量通过长门水道（断面 F_3）流出，而仅20%的流量经过梅花水道（断面F_4）流出，即北分支河道输出了大部分的径流和悬沙，与刘苍字等（2001）的结果近似。该流量分配形式使得川石水道成为闽江径流与输沙的主通道，也造成了三角洲前缘斜坡在河口北部堆积，在河口南部的三角洲前缘斜坡因泥沙供应不足而总体上呈现侵蚀状态。

梅花水道东段（断面F_2）净流出量比梅花水道西段（断面F_4）大，显示流入断面F_2的涨潮流顶托了流出断面F_4的水流，涨潮流甚至上溯到断面F_4的上游。因此，由于从上游来的下泄流进入南支过少，加上涨潮流的顶托，使得下泄径流与泥沙易在梅花水道内外发生拥塞和沉降，造成南支水道及其外侧容易发育浅滩。

三、泥沙动力过程影响

1. 南北支流速差异

A2、A3 站实测的周日流速显示（图 5-7），两站落潮流速相差不大，涨潮流速 A2 站明显大于 A3 站。汤军健等建立的数值模型（汤军健等，2009）也显示了类似的特点，涨潮流由台湾海峡北端自东北—南西方向流入，在河口转向西或西北，其进入川石水道时受川石岛东南侧浅滩的阻隔，相对南支而言，流向较不顺畅，即南支比北支更易受涨潮流作用的影响，加上南支水道窄和下泄流量小，涨潮流顶托下泄的径流和悬沙的情况在南支河道及其附近更强烈，导致其易发育浅滩，而北支由于情况相反，以发育水下河道为特征。输出的泥沙在落潮流作用下向外输送淤积在三角洲前缘斜坡。

2. 再悬浮

按照 Miller 等（1977）的公式计算了闽江口地区沉积物再悬浮所需的起动流速（距离底床 1 米处的近底流速）。结果表明，A2 站和 A3 站沉积物起动流速为 0.21~0.45 米/秒和 0.49~0.51 米/秒。潮周期内 A2 站有较多时刻底层流速大于其起动流速，尤其在涨潮期间，A3 站要少得多。故闽江口可发生沉积物再悬浮，尤其在口门外侧和南支。实测沉积物不同时刻的粒度与流速的关系也可侧面反映再悬浮的发生，A2 站在流速高时，沉积物粒径较粗，反之亦然。显示潮流流速高时，沉积物中较细的颗粒发生再悬浮。

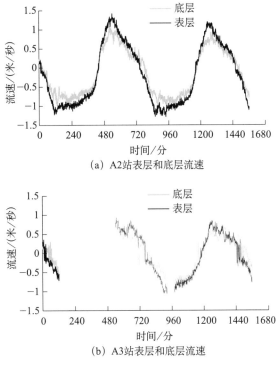

(a) A2站表层和底层流速

(b) A3站表层和底层流速

图 5-7　闽江口 A2、A3 站表层和底层流速

南北支河口及口外沉积物粒径和起动流速的差异，显示由径流带来的泥沙自北支河道输送到河口沉积后，易发生再悬浮作用，涨潮流作用下可向南支水道迁移和沉积，促进了南支水道及其附近较大范围浅滩的发育，即有"北出南积"的泥沙输送与沉积模式。

四、采砂等其他人类活动的影响

闽江年均入海输沙量约为 738 万吨，据观测数据，亭江附近河道悬沙中潮周期内砂组分含量在 3% ～ 15%，按照 10% 计算粗颗粒含量，约为 73.8 万吨，20 世纪 90 年代水口电站建设后更少。闽江从 20 世纪 70 年代就开始大量采砂，近些年来闽江河道的采砂量大大超过了粗颗粒的来沙量，泥沙平衡被打破，入海泥沙量锐减，减弱了河口区的沉积作用，甚至造成闽江河床的溯源冲刷下切，造成河口海底和海岸的冲刷侵蚀。

此外，一些工程对闽江中下游河床演变也产生了不可忽视的影响，如解放大桥与洪山桥改造、围垦养殖，下游修建丁字坝、抛石坝、护河堤等，引起河道泥沙冲淤的重新分配，进一步导致入海泥沙和河口沉积环境的变化。

第五节　小　　结

闽江口南部与北部相比，河口浅滩更为发育，相反水下河道主要发育在河口区的北部。1913～2005 年，浅滩面积除在 1986～1999 年减小外，均为增加，海底淤积状况类似。梅花水道浅滩逐渐增长发育，水下河道变窄变浅；闽江北支则由单一的川石水道变成由川石水道和壶江水道并存的形态，其口门外浅滩逐渐冲刷，水下河道流势日益顺畅。而梅花水道口门浅滩日益发育，其输送水沙的作用减弱，闽江入海泥沙主要通过北支输出。

1913～2005 年，乌猪水道、梅花水道西半段变窄；琅歧岛东岸进积；梅花镇东侧的闽江口南岸向海推进，但近年来推进速率明显减小。

20 世纪上半叶，闽江口表现为较强的淤积，此后淤积速率逐渐减小，至 20 世纪 80 年代后期到 20 世纪末河口区有冲刷也有淤积，但以冲刷为主，冲刷淤积的转化反映了水下浅滩与水下河道的迁移变化。闽江入海物质向外输送到三角洲前缘，受南北支河道水沙分流比影响，闽江北支带出更多泥沙，导致三角洲前缘斜坡呈现出南部侵蚀、北部淤积的状况。

闽江口南、北支河道具有不同的泥沙输送特征，基本可概括为"北出南积"的模式，既北支河道向海输送大部分径流和泥沙，泥沙沉积在河口及三角洲前缘地区；河口区泥沙易发生再悬浮，可通过涨潮流向南支输送，与南支水道带出的泥沙一道促使了南支及其口外浅滩的发育。

1975 年以后入海泥沙呈减少的趋势，其主要与水库建设和下游河道采沙等活动密切相关，泥沙供应的变少进一步造成了河口海底的侵蚀。是闽江口海区海底由"淤"转"冲"的关键诱因。

第六章

闽江口盐水入侵
三维数值模拟研究

　　枯季，闽江河口经常会受到盐水入侵的影响，而且个别年份情况还较为严重。1994 年，闽江河口就受到历时较长的盐水入侵，对当地人的生产生活造成了一定的影响。俞鸣同（1992）认为闽江口北支水道即长门水道在冬季盐水入侵的过程中，上层水的盐度最高值不是出现在高潮时，而普遍出现在高潮后 3 小时左右，大约在落潮中潮位时。盐水入侵的这种滞后现象是由于北支径流和潮流相互制约，即河口特定的水文状况造成的。闽江河口只在发生涨潮涨潮流、落潮落潮流，落潮中潮位时不同水体之间界面上的净流速最大，界面上的摩擦也较大，引起的湍流也较大，因而盐淡水的混合作用也较强，盐水入侵达到峰值。

　　本章通过收集闽江口盐潮入侵的历史记录资料，分析盐水入侵的成因，建立盐水入侵三维数值模型，分析枯水期下不同潮况下盐潮的入侵范围，尤其是多年一遇天文大潮下盐水入侵的最大范围。

第一节　闽江口实测潮流与盐度

一、闽江口潮汐潮流特征

　　2010 年 3 ~ 4 月，海洋三所在闽江口设立临时潮位站和潮流站，进行潮位潮流观测，站位见图 6-1，其中潮位站位于琯头，观测时间为 2010 年 3 月 16 日 ~ 4 月 15 日。C1 ~ C4 潮流站位于长门水道，C5 站位于梅花水道，观测时间为 2010 年 3 月 17 日 11 时 ~ 3 月 18 日 13 时大潮期间。

　　根据琯头站调和常数分析，M_2 分潮起主导作用，M_2 分潮振幅为 1.75 m，潮型判别数值 为 0.237，属于正规半日潮。表 6-1 为琯头站潮汐特征值。

　　1）琯头站的平均潮位为 41 厘米，最高潮位为 335 米，最低潮位为 - 223 厘米，平均潮差为 384 厘米，属中等潮差区。

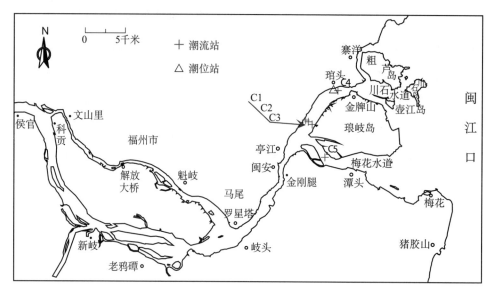

图 6-1　潮位潮流实测站位图

表 6-1　琯头站潮汐特征值表

项目	琯头潮位站	项目	琯头潮位站
平均潮位/厘米	41	平均潮差/厘米	384
最高潮位/厘米	335	最大潮差/厘米	530
最低潮位/厘米	−223	最小潮差/厘米	180
平均高潮位/厘米	236	平均涨潮历时	5 小时 18 分钟
平均低潮位/厘米	−149	平均落潮历时	7 小时 6 分钟

注：潮位基面为 1985 国家高程基准

2）受闽江径流影响，琯头站的平均涨潮历时短于平均落潮历时，平均涨潮历时为 5 小时 18 分钟，平均落潮历时为 7 小时 6 分钟。

图 6-2 为 C1～C5 潮流站大潮垂线平均流矢图，从图上看出，C1～C5 潮流站均为往复流。C2～C4 站涨潮流为南西—西南西向，落潮流流向为北东—北北东向。

根据测流数据分析，大潮期间各站的实测涨、落潮最大流速一般出现在半潮面附近时段，最小流速出现在高、低平潮附近的涨憩、落憩时段，说明调查区潮波运动以驻波形式为主。

从分层数据统计来看，显示潮流流速由表层往下逐渐减弱的趋势，实测最大流速一般出现在表层或者近表层，最小流速一般出现在底层。

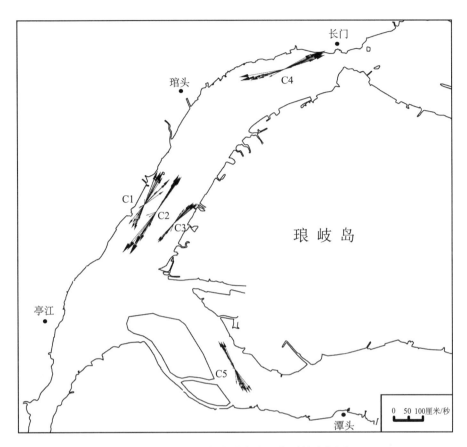

图 6-2　C1～C5 潮流站大潮垂线平均流矢图

　　C1～C5 潮流站整点逐时实测海流分层流速最大值统计表见表 6-2，由表可见，大潮实测最大流速以 C2 站流速最大，涨、落潮最大流速在 3 节（150厘米/秒）以上。C1 站流速略大于 C3 站，最大流速在 2～3 节（100～150 厘米/秒）。

表 6-2　实测海流分层流速最大值统计表（大潮）

站号	最大值	表层		0.2H 层		0.4H 层		0.6H 层		0.8H 层		底层	
		流速/（厘米/秒）	流向/（°）	流速/（厘米/秒）	流向/（°）	流速/（厘米/秒）	流向/（°）	流速/（厘米/秒）	流向/（°）	流速/（厘米/秒）	流向/（°）	流速/（厘米/秒）	流向/（°）
C1	涨潮	93	202	93	208	94	202	94	202	90	200	83	202
	落潮	132	27	133	29	128	26	126	32	116	27	105	41
C2	涨潮	185	221	181	220	176	219	177	219	172	222	173	222
	落潮	164	32	159	32	153	35	144	34	134	39	122	37
C3	涨潮	89	225	81	223	94	224	86	216	82	220	74	220
	落潮	108	46	112	52	108	51	110	51	98	52	91	50

续表

站号	最大值	表层		0.2H 层		0.4H 层		0.6H 层		0.8H 层		底层	
		流速/（厘米/秒）	流向/（°）	流速/（厘米/秒）	流向/（°）	流速/（厘米/秒）	流向/（°）	流速/（厘米/秒）	流向/（°）	流速/（厘米/秒）	流向/（°）	流速/（厘米/秒）	流向/（°）
C4	涨潮	162	259	164	259	160	261	156	263	149	259	142	261
	落潮	165	67	170	67	157	63	152	67	139	69	124	65
C5	涨潮	118	326	114	329	110	329	110	329	100	330	97	334
	落潮	106	147	100	149	97	146	93	146	87	143	76	147

二、闽江口盐度特征

闽江口无定点分层的观测资料，根据两次走航资料分析闽江口的盐度特征。

2009 年 8 月 17 日~8 月 18 日，在闽江口外至马祖一带海域进行断面式走航测验，共测量 16 个点的分层盐度，各站位置见图 6-3。各点不同时刻表、中、底层盐度见表 6-3。

表 6-3　2009 年 8 月各点表、中、底层盐度资料

站位	时间	表层盐度	中层盐度	底层盐度
1	2009－8－17，7：30：54	19.74	27.69	29.94
2	2009－8－17，8：12：24	21.22	31.28	33.1
3	2009－8－17，8：50：37	27.36	33.26	33.31
4	2009－8－17，9：28：26	28.39	33.28	33.36
5	2009－8－17，10：12：47	29.16	33.31	33.81
6	2009－8－17，10：51：14	30.17	33.7	33.91
7	2009－8－17，12：07：35	30.17	33.44	33.92
8	2009－8－17，12：49：36	29.45	33.75	33.9
9	2009－8－17，13：42：15	27.02	33.3	33.84
10	2009－8－17，14：21：07	28.32	33.24	33.81
11	2009－8－17，15：02：00	21.93	33.27	33.4
12	2009－8－17，15：50：02	22.82	33.31	33.45
13	2009－8－17，16：31：52	20.05	33.3	33.42
14	2009－8－17，17：43：37	22.01	33.11	33.32
15	2009－8－18，10：28：33	23.48	31.03	33.02
16	2009－8－18，11：17：41	24.32	28.8	29.53

从表 6-3 中看出，闽江口冲淡水出口门后，以表层扩散的方式向外扩散，表层冲淡水可达马祖附近，近口门处表层盐度小于中、底层盐度，远离口门处表层和中、底层盐度接近。

2010 年 8 月 25 日，在闽江口门至马尾附近走航式采集了 10 个点的表层水样，并分析盐度，采样点位置见图 6-4。各点表层盐度见表 6-4。

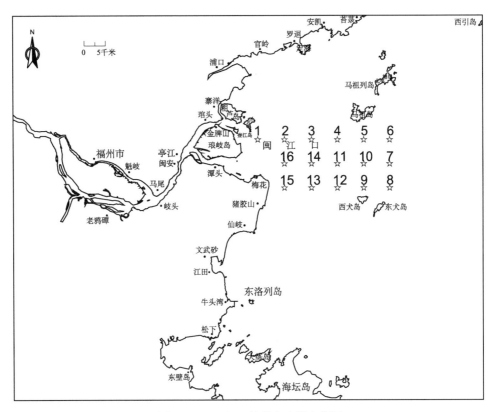

图 6-3　2009 年 8 月盐度实测点位图

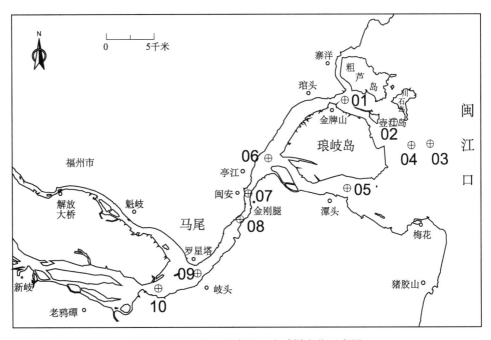

图 6-4　2010 年 8 月表层盐度采样点位示意图

表 6-4 2010 年 8 月各点表层盐度资料

站位	时间	表层盐度
1	2010 - 8 - 25, 06: 47	0.05
2	2010 - 8 - 25, 07: 15	0.58
3	2010 - 8 - 25, 07: 41	7.27
4	2010 - 8 - 25, 07: 55	3.2
5	2010 - 8 - 25, 08: 36	0.53
6	2010 - 8 - 25, 09: 19	0.02
7	2010 - 8 - 25, 09: 39	0.02
8	2010 - 8 - 25, 09: 48	0.02
9	2010 - 8 - 25, 10: 13	0.02
10	2010 - 8 - 25, 10: 35	0.02

从表 6-4 中看出，闽江口门附近 2 ~ 5 号点表层盐度为 0.53 ~ 7.27，亭江至马尾河段盐度很小，约 0.02，为淡水。走航式测量无法获取定点盐度随潮时变化而变化数据，根据俞鸣同（1992）研究，长门附近河道的盐度高值未出现在高潮时，而是出现在高潮后 3 小时左右。

第二节 ELCIRC 三维数学模型及其验证

一、ELCIRC 三维数学模型

近年国内外出现许多适合各种问题需要的三维模型，如冯士筰的浅海环流数值模拟（冯士筰和孙文心，1990），唐永明的三维浅海流体动力学模型的流速分解法（唐永明等，1990）等，国外较著名的有 Mellor 建立的 POM 模型（Mellor，1998）等。Casulli 和 Cheng 提出了浅海三维半隐式数值模型，采用 Crank-Nicolson 时间平均隐格式的参数法，Casulli 和 Cattani（1994）从理论上推导和数值计算证明当时求解结果是无条件稳定的。模型中用欧拉-拉格朗日方法离散迁移项和水平黏性项，简化了方程组。Baptista 在 Casulli 模型的基础上提出

ELCIRC 模型（Zhang et al.，2003），用于计算河口至陆架的海域，ELCIRC 模型与 POM 模型一样开放源代码。

ELCIRC 模式差分格式采用半隐式方法（Casulli and Zanolli，1998），其核心思想是各方程中的随体导数用拉格朗日显式离散，使稳定性不受 Courant 条件的严格限制，对动量方程中的正压梯度项和连续方程中的水平速度项作半隐式离散，隐式因子 θ：$0.5 \leqslant \theta \leqslant 1$，对动量方程中的垂向扩散项和底边界条件作隐式离散，其余各项，包括科氏力、斜压梯度、水平扩散等项均采用显示离散，该离散方法既保证稳定性，又提高了计算效率（Casulli and Cattani，1994）。

1. 控制方程

ELCIRC 模型控制方程采用自由面水位方程（Zhang et al.，2003），包括三维流速、盐度和温度方程，并假设压力垂向为静压分布，应用 Boussinesq 近似，其基本方程为如下。

$$\frac{\partial u}{\partial x} + \frac{\partial v}{\partial y} + \frac{\partial w}{\partial z} = 0 \tag{6-1}$$

$$\frac{\partial \eta}{\partial t} + \frac{\partial}{\partial x}\int_{H_R-h}^{H_R+\eta}u\mathrm{d}z + \frac{\partial}{\partial y}\int_{H_R-h}^{H_R+\eta}v\mathrm{d}z = 0 \tag{6-2}$$

$$\frac{\mathrm{d}u}{\mathrm{d}t} = fv - g\frac{\partial \eta}{\partial x} - \frac{g}{\rho_0}\int_z^{H_R+\eta}\frac{\partial \rho'}{\partial x}\mathrm{d}z + \frac{\partial}{\partial z}\left(K_{\mathrm{mv}}\frac{\partial u}{\partial z}\right) + F_{\mathrm{mx}} \tag{6-3}$$

$$\frac{\mathrm{d}v}{\mathrm{d}t} = fu - g\frac{\partial \eta}{\partial x} - \frac{g}{\rho_0}\int_z^{H_R+\eta}\frac{\partial \rho'}{\partial y}\mathrm{d}z + \frac{\partial}{\partial z}\left(K_{\mathrm{mv}}\frac{\partial v}{\partial z}\right) + F_{\mathrm{my}} \tag{6-4}$$

$$\frac{\mathrm{d}S}{\mathrm{d}t} = \frac{\partial}{\partial z}\left(K_{\mathrm{sv}}\frac{\partial S}{\partial z}\right) + F_S \tag{6-5}$$

$$\frac{\mathrm{d}T}{\mathrm{d}t} = \frac{\partial}{\partial z}\left(K_{\mathrm{hv}}\frac{\partial T}{\partial z}\right) + F_h \tag{6-6}$$

式中，t ——时间；

(x,y,z) ——直角坐标；

$u(x,y,z,t)$、$v(x,y,z,t)$ 和 $w(x,y,z,t)$ —— x、y 和 z 方向的流速分量；

$\eta(x,y,z,t)$ ——距平均海平面的自由表面水位；

H_R ——平均海平面的垂向坐标；

$H(x,y)$ ——平均海平面距底部边界的水深；

g ——重力加速度；

f ——科氏力参数；

ρ_0 ——海水参考密度（$=1025\text{kg/m}^3$）；

$\rho' = \rho - \rho_0, \rho = \rho(S,T)$ ——海水密度；

S、T ——海水的盐度和温度；

K_{mv} ——垂向涡动黏性系数；

K_{sv}、K_{hv} ——S、T 的垂向扩散系数。

$\dfrac{\mathrm{d}}{\mathrm{d}t} = u\dfrac{\partial}{\partial x} + v\dfrac{\partial}{\partial} + w\dfrac{\partial}{\partial z}$ 为流体质点的随体导数；

F_{mx}、F_{my}、F_s、F_h 分别为动量方程和输运方程水平扩散项。

式（6-1）~式（6-6）含 6 个未知变量（η，u，v，w，S，T），本次研究，T 取常数，只求解盐度场，密度场 ρ' 为 S、T 的函数，由 UNESCO 标准状态方程求得，K_{mv}、K_{sv}、K_{hv} 由紊流闭合方程求得。

2. 垂向边界条件

在海表面，采用自由面动力学边界条件

$$\rho_0 K_{mv}\left(\frac{\partial u}{\partial z}, \frac{\partial v}{\partial z}\right) = (\tau_{wx}, \tau_{wy}), z = H_R + \eta \tag{6-7}$$

式中，τ_{wx}、τ_{wy} ——作用于自由表面的 x、y 方向的风应力。

底部动力学边界条件

$$\rho_0 K_{mv}\left(\frac{\partial u}{\partial z}, \frac{\partial v}{\partial z}\right)_b = (\tau_{bx}, \tau_{by}), z = H_R - h \tag{6-8}$$

式中，τ_{bx}、τ_{by} ——作用于底面的 x、y 方向的切应力。

$$\tau_{bx} = C_d u_b \sqrt{u_b^2 + v_b^2}, \tau_y^b = C_d v_b \sqrt{u_b^2 + v_b^2}, \tag{6-9}$$

式中，u_b、v_b 分别为 x、y 方向的底层速度。

$$C_d = \max\left\{\left[\frac{1}{\kappa}\ln\left(\frac{z_1}{z_0}\right)\right]^{-2}, 0.0025\right\} \tag{6-10}$$

式中，C_d ——底壁摩擦阻力系数，由壁面定义计算决定；

κ ——von Karman 常数，为 0.4；

z_1 ——底层厚度的一半；

z_0 ——底壁粗糙高度，经数值试验 $z_0 = 0.01 \sim 0.02$。

3. 紊流封闭方程

垂向涡动黏性系数（K_{mv}）和 S、T 的垂向扩散系数（K_{sv}、K_{hv}）由紊流方程求出。紊流方程采用 GLS 混合长度封闭模型求解（Umlauf and Burchard，2003），该模型方程由紊流能量耗散方程和紊流混合长度方程组成。

$$\frac{\mathrm{d}k}{\mathrm{d}t} = \frac{\partial}{\partial z}\left(v_k^{\psi}\frac{\partial k}{\partial z}\right) + K_{mv}M^2 + K_{hv}N^2 - \varepsilon, \tag{6-11}$$

$$\frac{\mathrm{d}\psi}{\mathrm{d}t} = \frac{\partial}{\partial z}\left(v_{\psi}\frac{\partial \psi}{\partial z}\right) + \frac{\psi}{k}\left(c_{\psi 1}K_{mv}M^2 + c_{\psi 3}K_{hv}N^2 - c_{\psi 2}F_w\varepsilon\right), \tag{6-12}$$

式中，$c_{\psi 1} = 1.44$，$c_{\psi 2} = 1.92$，$c_{\psi 3} = 1$，$F_w = 1$；

M 和 N——切应力和局部浮力项；

ε——耗散率。

$$M^2 = \left(\frac{\partial u}{\partial z}\right)^2 + \left(\frac{\partial v}{\partial z}\right)^2, \varepsilon = \left(c_{\mu}^0\right)^3 k^{1.5+m/n}\psi^{-1/n}, \tag{6-13}$$

式中，c_{μ}^0——$\sqrt{3}$；

v_k^{ψ} 和 v_{ψ}——k 和 ψ 的垂向扩散系数。

$$v_k^{\psi} = \frac{K_{mv}}{\sigma_k^{\psi}}, v_{\psi} = \frac{K_{mv}}{\sigma_{\psi}}, \tag{6-14}$$

式中，Schmidt 数 σ_k^{ψ} 和 σ_{ψ}——模型常数，$\sigma_k^{\psi} = 1.0$，$\sigma_{\psi} = 1.3$。

紊流混合长度定义如下

$$\psi = \left(c_{\mu}^0\right)^p k^m l^n, \tag{6-15}$$

式中，p、m、n 为常数，此处 $p = 3$、$m = 1.5$、$n = -1$。

垂向涡动黏性系数和垂向扩散系数分别由下式确定。

$$K_{mv} = c_{\mu}k^{1/2}l, K_{hv} = c'_{\mu}k^{1/2}l, \tag{6-16}$$

稳定函数 c_{μ} 和 c'_{μ} 有如下形式：

$$c_{\mu} = \sqrt{2}s_m \quad c'_{\mu} = \sqrt{2}s_h, \tag{6-17}$$

S_m、S_h 是 Richardson 数 G_h 的函数，由下列公式给出：

$$s_h = \frac{0.4939}{1 - 30.19G_h}, s_m = \frac{0.392 + 17.07s_hG_h}{1 - 6.127G_h}, G_h = \frac{G_{h\_u} - (G_{h\_u} - G_{h\_c})^2}{G_{h\_u} + G_{h0} - 2G_{h\_c}}$$

$$G_{h\_u} = \min\left[G_{h0}, \max\left(-0.28, \frac{N^2l^2}{2k}\right)\right], G_{h0} = 0.0233, G_{h\_c} = 0.02 \tag{6-18}$$

紊流方程边界条件为

$$v_k^\psi \frac{\partial\, k}{\partial\, z} = 0\,, z = H_R - h \ \text{或}\ z = H_R + \eta,\qquad(6\text{-}19)$$

$$v_\psi \frac{\partial\, k}{\partial\, z} = \kappa n v_\psi \frac{\psi}{\ell}\,, z = H_R - h,\qquad(6\text{-}20)$$

$$v_\psi \frac{\partial\, k}{\partial\, z} = -\kappa n v_\psi \frac{\psi}{\ell}\,, z = H_R + \eta,\qquad(6\text{-}21)$$

二、数值解

三维计算域水平平面采用三角形或四边形网格，垂向分层采用自然 z – 坐标，计算原点设在平均海平面上，图 6-5 为各物理量在垂向计算单元位置示意图，水平速度、盐度、温度和紊流标量设在每层侧面中心和侧边中间，水位和垂向速度设在每层面元中心，第 k 层厚度为 ΔZ_k，相邻层中心间的距离为 $\Delta Z_{k+1/2} = (\Delta Z_k + \Delta Z_{k+1})/2$，表层和底层为浸湿厚度。模型应用于闽江口时，垂向分为 12 层，从上向下各水层厚度分别为 0.0、0.5、1.0、2.0、2.0、3.0、5.0、5.0、15.0、10.0、10.0 和 10.0m。

(x, y) 平面网格采用三角形或四边形正交网格，三角形（或四边形）网格每条边为另一三角形（或四边形）的邻边，相邻网格的中心点连线与邻边垂直，如图 6-6 所示。以下离散方程中各符号定义如下。

N_e——水平网格单元记号，$N_e(i) = 1, \cdots, N_e$；

N_p——水平网格单元顶点记号；

N_s——水平网格侧边记号；

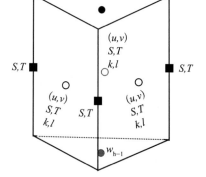

图 6-5　计算参数布置图

$js(i, j)$——单元侧边记号，$i = 1, \cdots, N_e$；$j = 1, \cdots, i_{34}(i)$；

$i_{34}(i)$——三角形、四边形侧边总数，分别为 3、4；

$is(j, ic)$——共侧边 js 的两个单元记号，$ic = 1, 2$；$j = 1, \cdots, N_s$；

$ip(j, ik)$——共侧边 js 的两个顶点记号，$ik = 1, 2$；$j = 1, \cdots, N_s$；

l_j——侧边 js 的长度；

p_i——单元 i 的面积；

δ_j——共侧边 j 的两个单元中心距离。

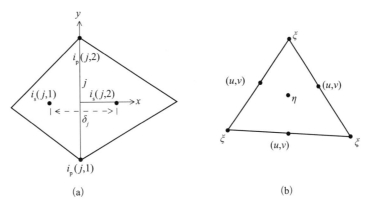

(a)　　　　　　　　　　　　　(b)

图 6-6　水平网格示意图

1. 自由面方程和动量方程的差分格式

式（6-2）离散采用半隐式有限体积法，在单元 i 上有

$$
P_i\big(\eta_i^{n+1} - \eta_i^n\big) + \theta\Delta t\sum_{l=1}^{i_{34}(i)} S_{i,l}\ell_{jsj}\sum_{k=m_{jsj}}^{M_{jsj}} \Delta z_{jsj,k}^n u_{jsj,k}^{n+1} + (1-\theta)\sum_{l=1}^{i_{34}(i)} S_{i,l}\ell_{jsj}\sum_{k=m_{jsj}}^{M_{jsj}} \Delta z_{jsj,k}^n u_{jsj,k}^n = 0,
$$
$$
i = 1,\cdots,N_e, \tag{6-22}
$$

式中，θ——隐式因子，$0.5 \leqslant \theta \leqslant 1$，$jsj = js\,(i,j)$。$S_{i,l}$——符号函数。

$$
S_{i,l} = \frac{is(jsj,1) + is(jsj,2) - 2i}{is(jsj,2) - is(jsj,1)} \tag{6-23}
$$

在第 j 边法向动量方程采用半隐式有限差分离散

$$
\Delta z_{j,k}^n\big(u_{j,k}^{n+1} - u_{j,k}^*\big) = \Delta z_{j,k}^n f_j v_{j,k}^n \Delta t - \Delta z_{j,k}^n \frac{g\Delta t}{\delta_j}\big[\theta\big(\eta_{is(j,2)}^{n+1} - \eta_{is(j,1)}^{n+1}\big)
$$
$$
+ (1-\theta)\big(\eta_{is(j,2)}^n - \eta_{is(j,1)}^n\big)\big] - \Delta z_{j,k}^n
$$
$$
\frac{g\Delta t}{\rho_0\delta_j}\Big[\sum_{l=k}^{M_j}\Delta z_l^n\big(\rho_{is(j,2),l}^n - \rho_{is(j,1),l}^n\big) - \frac{\Delta z_{j,k}^n}{2}\big(\rho_{is(j,2),k}^n - \rho_{is(j,1),k}^n\big)\Big]
$$
$$
+ \Delta t\Big[(K_{mv})_{j,k}\frac{u_{j,k+1}^{n+1} - u_{j,k}^{n+1}}{\Delta z_{j,k+1/2}^n} - (K_{mv})_{j,k-1}\frac{u_{j,k}^{n+1} - u_{j,k-1}^{n+1}}{\Delta z_{j,k-1/2}^n}\Big], \tag{6-24}
$$
$$
j = 1,\cdots,N_s;\, k = m_j,\cdots,M_j,
$$

式中，u——第 j 边法向速度；

u_j^*——当前质点在 n 时刻所在位置的流速，切向动量方程离散类似于式（6-24）。

连续方程和动量方程可写为如下的矩阵形式。

$$A_j^n U_j^{n+1} = G_j^n - \theta g \frac{\Delta t}{\delta_j} [\, \eta_{js(j,2)}^{n+1} - \eta_{js(j,1)}^{n+1} \,] \Delta Z_j^n \tag{6-25}$$

$$A_j^n V_j^{n+1} = F_j^n - \theta g \frac{\Delta t}{l_j} [\, \hat{\eta}_{ip(j,2)}^{n+1} - \eta_{ip(j,1)}^{n+1} \,] \Delta Z_j^n \tag{6-26}$$

$$\eta_i^{n+1} = \eta_i^n - \frac{\theta \Delta t}{P_i} \sum_{l=1}^{i_{34}(i)} S_{i,l} l_{jsj} [\, \Delta Z_{jsj}^n \,]^T U_{jsj}^{n+1} - \frac{(1-\theta)\Delta t}{P_i} \sum_{l=1}^{i_{34}(i)} S_{i,l} l_{jsj} [\, \Delta Z_{jsj}^n \,]^T U_{jsj}^n ,$$

$$\tag{6-27}$$

其中，

$$U_j^{n+1} = \begin{bmatrix} u_{j,M_j}^{n+1} \\ \vdots \\ u_{j,m_j}^{n+1} \end{bmatrix}, \quad V_j^{n+1} = \begin{bmatrix} v_{j,M_j}^{n+1} \\ \vdots \\ v_{j,m_j}^{n+1} \end{bmatrix}, \quad \Delta Z_j^n = \begin{bmatrix} \Delta z_{j,M_j}^n \\ \vdots \\ \Delta z_{j,m_j}^n \end{bmatrix}. \tag{6-28}$$

G_j^n 和 F_j^n 为包含所有显式项的向量，A_j^n 为如下形式：

$$A_j^n = \begin{bmatrix} \Delta z_{j,M_j} + a_{j,M_j-1/2} & -a_{j,M_j-1/2} & & 0 \\ -a_{j,M_j-1/2} & \Delta z_{j,M_j-1} + a_{j,M_j-1/2} + a_{j,M_j-3/2} & -a_{j,M_j-3/2} & 0 \\ \vdots & \vdots & \vdots & \vdots \\ 0 & & -a_{j,m_j-3/2} & \Delta z_{j,m_j-1} + a_{j,m_j+1/2} + \tau_b \Delta t \end{bmatrix}$$

$$\tag{6-29}$$

式中，M、m——表层和底层。

$$a_{j,k\pm1/2} = (K_{mv})_{k\pm1/2-1/2} \frac{\Delta t}{\Delta z_{j,k\pm1/2}^n} \tag{6-30}$$

由式（6-25）可得

$$U_j^{n+1} = [A_j^n]^{-1} G_j^n - \theta g \frac{\Delta t}{\delta_j} [\, \eta_{is(j,2)}^{n+1} - \eta_{is(j,1)}^{n+1} \,] [A_j^n]^{-1} \Delta Z_j^n \tag{6-31}$$

将式（6-31）代入式（6-27），得到所有单元的水位方程组

$$\eta_i^{n+1} - \frac{g\theta^2 \Delta t^2}{P_i} \sum_{l=1}^{i_{34}(i)} \frac{S_{i,l} l_{jsj}}{\delta l_{jsj}} \left[\Delta Z_{jsj}^n \right]^T \left[A_{jsj}^n \right]^{-1} \Delta Z_{jsj}^n \left[\eta_{is(jsj,2)}^{n+1} - \eta_{is(jsj,1)}^{n+1} \right]$$

$$= \eta_i^n - \frac{(1-\theta)\Delta t}{P_i} \sum_{l=1}^{i_{34}(i)} S_{i,l} l_{jsj} \left[\Delta Z_{jsj}^n \right]^T U_{jsj}^n - \frac{\theta \Delta t}{P_i} \sum_{l=1}^{3} S_{i,l} l_{jsj} \left[\Delta Z_{jsj}^n \right]^T \left[A_{jsj}^n \right]^{-1} G_{jsj}^n ,$$

$$(6\text{-}32)$$

式中，$1 \leqslant i \leqslant N_e$。

式（6-32）为对称正定方程，存在唯一解，使用稀疏矩阵线性方程（jacobian conjugate gradient JCG）迭代求解器求解得出 η_i（$1 \leqslant i \leqslant N_e$）。

求出水位后由式（6-31）得到法向流速 u_j（$1 \leqslant j \leqslant N_s$），切向流速 v_j（$1 \leqslant j \leqslant N_s$）也可得。

2. 欧拉-拉格朗日插值

在动量方程和输运方程中，将平流项并入全微分项避免了 Courant 数的限制，全微分的差分项 $u_{j,k}^*$ 由欧拉-拉格朗日插值方法得到（Oliveira and Baptista，1995），质点由时刻 n 至时刻 $n+1$ 的轨迹为一流线，u_j^* 即为当前质点在 n 时刻所在位置的流速，有

$$\frac{\mathrm{d}x_i}{\mathrm{d}t} = u_i(x_1, x_2, x_3, t), i = 1, 2, 3, \quad (6\text{-}33)$$

$u_i(x_1, x_2, x_3, t)$ 为质点在 t 时刻的速度（三维），积分上式，得

$$x(t) = x(t + \Delta t) - \int_t^{t+\Delta t} u_i(x_1, x_2, x_3, t) \mathrm{d}t \quad (6\text{-}34)$$

$x(t)$ 即为 n 时刻质点所在位置，从而求得 n 时刻质点在 $x(t)$ 的速度即为 u_j^*，求解时上式第二项积分时间步长采用比 Δt 小的时间步长 $\Delta t' = \dfrac{\Delta t}{N}$，如图 6-7 所示。

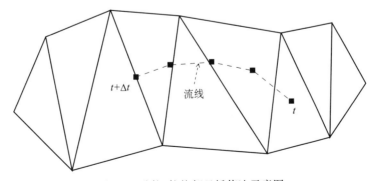

图 6-7 欧拉-拉格朗日插值法示意图

3. 垂向速度的差分格式

垂向速度定义在网格中心，由连续方程采用有限体积法离散得到

$$w_{i,k}^{n+1} = w_{i,k-1}^{n+1} - \frac{1}{P_i} \sum_{j=1}^{i_{34}(i)} S_{i,l} l_{jsj} \Delta z_{jsj,k}^n u_{jsj,k}^{n+1}, k = m_i^e, \cdots, M_i^e, \tag{6-35}$$

底部边条件：$W_{i,m_i^e-1}^{n+1} = 0$。

4. 盐度输运方程的差分格式

盐度输运方程式（6-5）的离散与动量方程类似，采用欧拉-拉格朗日插值方法，在网格单元点、边同时求解，以式（6-5）边的求解为例。

$$\Delta z_{i,k}^n (S_{i,k}^{n+1} - S_{i,k}^*) = \Delta t \Big[(K_{hv}) \frac{S_{i,k+1}^{n+1} - S_{i,k}^{n+1}}{\Delta z_{i,k+1/2}^n} - (K_{hv})_{i,k-1} \frac{S_{i,k}^{n+1} - S_{i,k-1}^{n+1}}{\Delta z_{i,k-1/2}^n} \Big]$$

$$(i = 1, \cdots, N_s, k = m_i, \cdots, M_i), \tag{6-36}$$

式中，$S_{j,k}^*$ 由欧拉-拉格朗日插值方法得到。点上的离散格式类似。

5. 紊流封闭方程的离散格式

式（6-11）离散为

$$\Delta z_{i,k}^n (\psi_{j,k}^{n+1} - \psi_{j,k}^n) = \Delta t \Big[(v_\psi)_{j,k}^n \frac{\psi_{j,k+1}^{n+1} - \psi_{j,k}^{n+1}}{\Delta z_{j,k+1/2}^n} - (v_\psi)_{j,k-1}^n \frac{\psi_{j,k}^{n+1} - \psi_{j,k-1}^{n+1}}{\Delta z_{j,k-1/2}^n} \Big]$$

$$+ Q - \Delta t \Delta z_{j,k}^n c_{\psi 2} \Big[F_w (c_\mu^0)^3 k^{1/2} l^{-1} \Big]_{j,k}^n \psi_{j,k}^{n+1}, j = 1, \cdots, N_s, k = m_j, \cdots, M_j, \tag{6-37}$$

其中，$Q = \begin{cases} \Delta t \Delta z_{j,k}^n (c_{\psi 1} K_{mv} M^2 + c_{\psi 3} K_{hv} N^2)_{j,k}^n \dfrac{\psi_{j,k}^{n+1}}{k_{j,k}^n}, M \leqslant 0 \\[4mm] \Delta t \Delta z_{j,k}^n (c_{\psi 1} K_{mv} M^2 + c_{\psi 3} K_{hv} N^2)_{j,k}^n \dfrac{\psi_{j,k}^n}{k_{j,k}^n}, M > 0 \end{cases}$

式（6-12）的离散与式（6-11）类似。

三、计算区域及水平边界条件

1. 计算区域

图6-8为模型模拟海域水深图，模拟海域北至马祖列岛西北西引岛附近，南至平潭岛北部海域，闽江由福州上游竹岐开始计算。

图6-9为模拟海域非结构网格示意图，网格在闽江口附近海域进行加密，

见图6-10，最大网格边长约1000米，最小网格边长约30米，全海域网格结点约35 000个，网格数约65 000个。

2. 水平边界条件

海岸线为固体边界，取法向流速为零。潮滩采用变边界处理。

外海流体开边界采用强制水位，根据开边界断面控制点（位置如图6-1）的调和常数并参考近台湾海峡潮波特征求出控制点的潮位曲线，其形式为时间的已知函数，由34个分潮（M_2、S_2、K_1、O_1等）的调和常数组合。

$$E = A_0 + \sum_{i=1}^{34} f_i \cdot H_i \cdot \cos(\sigma_i t + v_{0i} + u_i - g_i) \qquad (6-38)$$

式中，A_0——平均海平面；

　　　E——潮位；

　　　g_i、H_i——分潮的调和常数；

　　　σ_i——分潮的角速率；

　　　v_{0i}——分潮格林尼治天文初相角；

　　　u_i、f_i——分潮的交点订正角和交点因子。

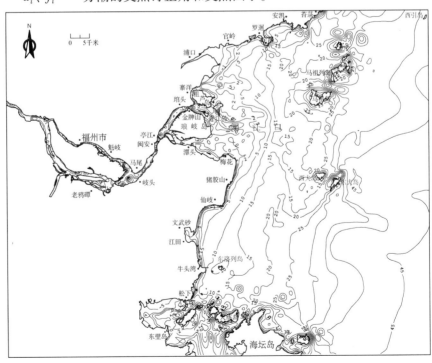

图6-8　计算区域水深图

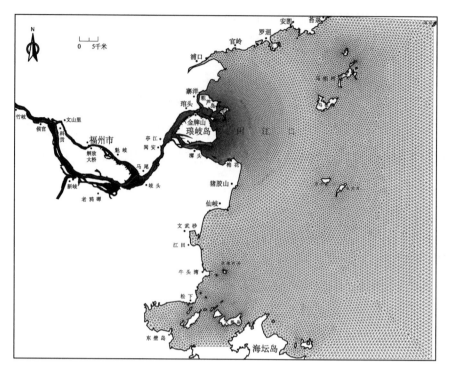

图 6-9　闽江口及附近海域网格图

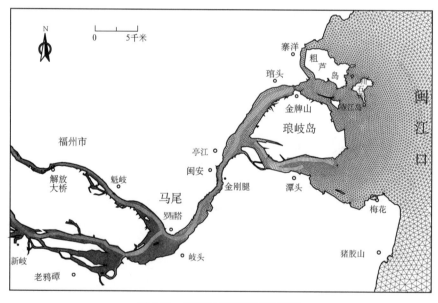

图 6-10　闽江口局部海域网格图

在潮位表达式中，代入每个分潮与实测资料同步的交点因子 f_i 和格林尼治天文相角 $v_{0i} + u_i$，即可预报出与实测资料同步的各开边界控制点的潮位曲线作为潮流场开边界条件。

闽江径流采用流量边界条件，在竹歧断面加入年平均流量。

四、潮流场的验证

潮位、潮流实测资料利用 2010 年 3 月的水文测验资料，站位见图 6-1。

图 6-11 为大潮测流期间琯头站潮位计算与实测值，从图 6-9 上可以看出，潮位曲线吻合良好，一个潮周期中，落潮时间约 7 小时，涨潮时间约 5 小时。

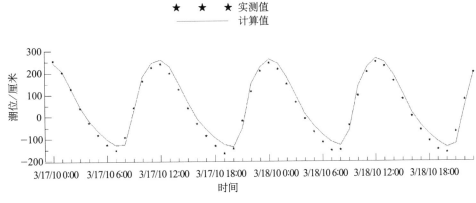

图 6-11　测流期间琯头站潮位计算与实测值

图 6-12 是 C1～C5 潮流站大潮表层模拟与实测验证曲线图，图 6-13 是 C1～C5 潮流站大潮底层模拟与实测验证曲线图。

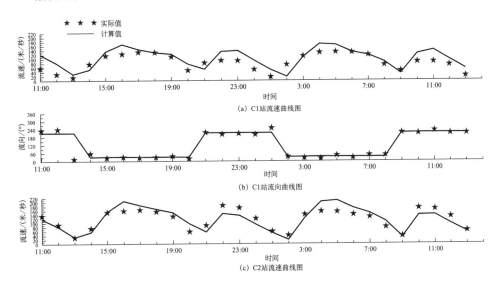

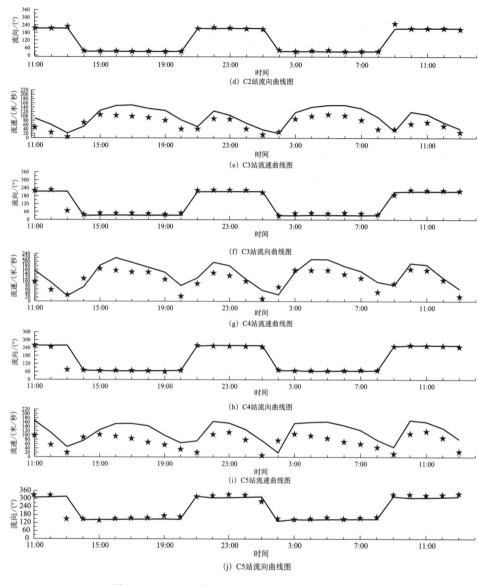

(d) C2站流向曲线图

(e) C3站流速曲线图

(f) C3站流向曲线图

(g) C4站流速曲线图

(h) C4站流向曲线图

(i) C5站流速曲线图

(j) C5站流向曲线图

图 6-12　C1～C5 潮流站大潮表层计算与实测曲线图

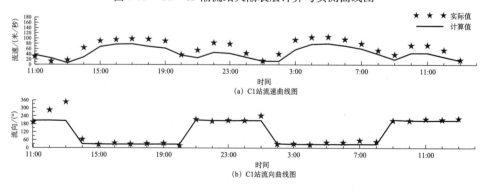

★ ★ ★ 实际值
—— 计算值

(a) C1站流速曲线图

(b) C1站流向曲线图

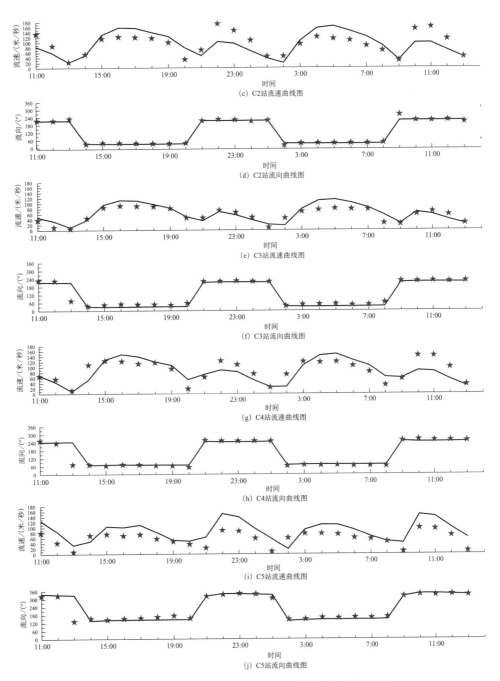

图 6-13 C1～C5 潮流站大潮底层计算与实测曲线图

从图 6-12、图 6-13 实测值与计算值比较看出，总体上各站计算流速流向趋势基本吻合于实测值，表层流速大于底层流速，落潮时段大于涨潮时段。

从图 6-14 ~ 图 6-21 的模拟结果看出，落潮时，径流与落潮流共同作用，由北支和南支流入闽江口外，流速较大，闽江口外潮流向东北方向流动。涨潮时，闽江口外潮流流动方向与落潮时相反，涨潮流由琅岐岛外南北口门流入闽江，与闽江下溯的径流相互作用，涨潮流可到达闽安附近，闽安上游径流流速比落潮时减小。

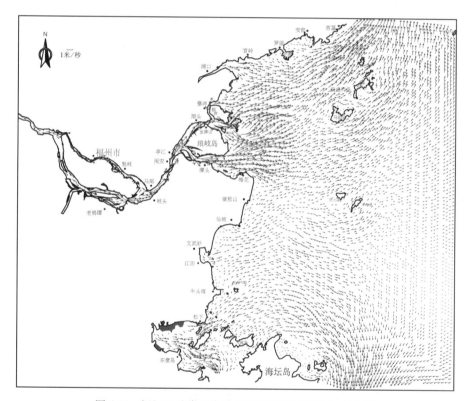

图 6-14　闽江口及附近海域表层潮流场（落急）示意图

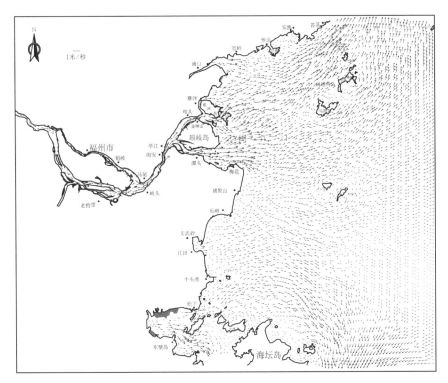

图 6-15　闽江口及附近海域底层潮流场（落急）示意图

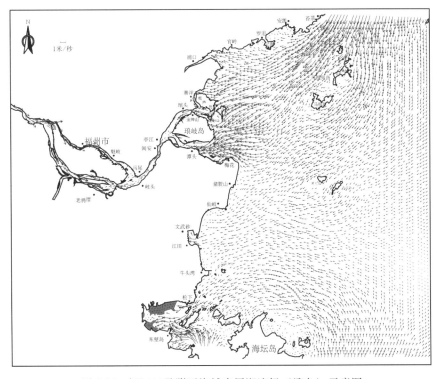

图 6-16　闽江口及附近海域表层潮流场（涨急）示意图

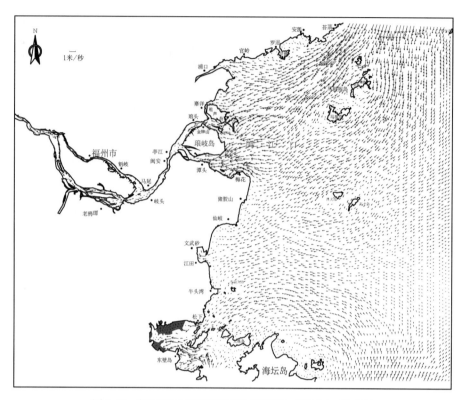

图 6-17　闽江口及附近海域底层潮流场（涨急）示意图

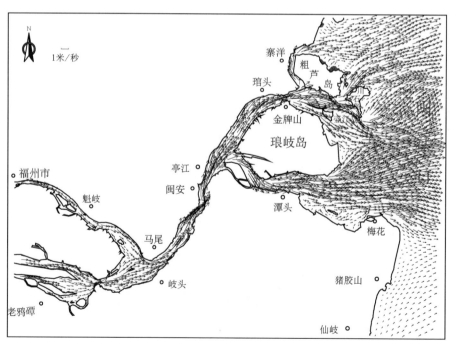

图 6-18　闽江口局部海域表层潮流场（落急）示意图

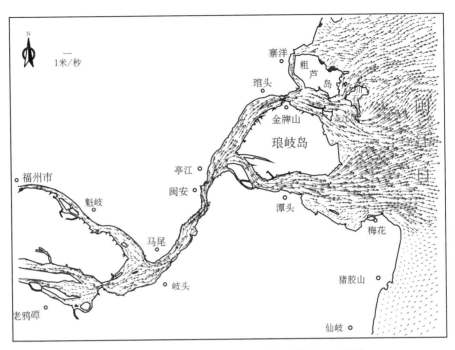

图6-19　闽江口局部海域底层潮流场（落急）示意图

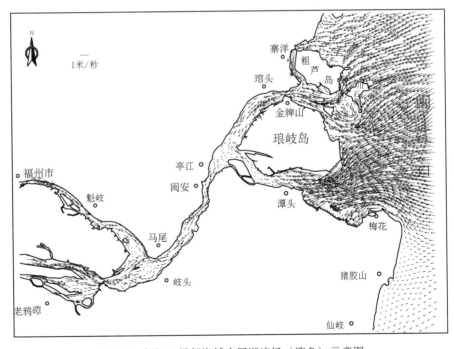

图6-20　闽江口局部海域表层潮流场（涨急）示意图

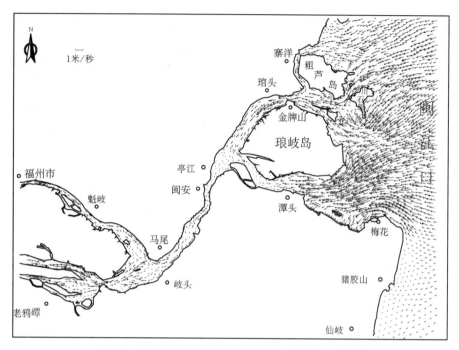

图 6-21　闽江口局部海域底层潮流场（涨急）示意图

五、盐度场的验证

由于本海域无周日定点盐度实测资料，采用 2009 年 8 月和 2010 年 8 月走航式盐度实测资料，其中 2009 年 8 月 17 日～18 日测量期间潮型接近中潮，2010 年 8 月 25 日测量期间潮型接近大潮，2009 年 8 月实测点位见图 6-3，2010 年 8 月实测点位见图 6-4。

表 6-5 是 2009 年 8 月 16 个走航测点表、底层盐度实测与对应时刻的计算值比较，从表中看出，不同位置点计算盐度值变化趋势接近于实测值，即靠近闽江口的点表层、底层盐度值较小，属河口冲淡水，马祖岛南面的点表层、底层盐度值大于 30，属海水。计算表层、底层盐度值差异值与实测值相比，有一定误差。

表 6-5　2009 年 8 月各点表、底层盐度实测与计算值比较

站位	时间	实测盐度		计算盐度	
		表层	底层	表层	底层
1	2009 - 8 - 17, 7: 30: 54	19.74	29.94	15.4	20.5
2	2009 - 8 - 17, 8: 12: 24	21.22	33.1	21.5	25.5
3	2009 - 8 - 17, 8: 50: 37	27.36	33.31	28.5	31.5
4	2009 - 8 - 17, 9: 28: 26	28.39	33.36	31.2	33.4
5	2009 - 8 - 17, 10: 12: 47	29.16	33.81	33.1	33.6
6	2009 - 8 - 17, 10: 51: 14	30.17	33.91	33.5	33.8
7	2009 - 8 - 17, 12: 07: 35	30.23	33.92	33.4	33.8
8	2009 - 8 - 17, 12: 49: 36	29.45	33.9	33.2	33.7
9	2009 - 8 - 17, 13: 42: 15	27.02	33.84	33.2	33.8
10	2009 - 8 - 17, 14: 21: 07	28.32	33.81	33.2	33.6
11	2009 - 8 - 17, 15: 02: 00	21.93	33.4	30.1	33.2
12	2009 - 8 - 17, 15: 50: 02	22.82	33.45	31.2	33.6
13	2009 - 8 - 17, 16: 31: 52	20.05	33.42	31.0	33.1
14	2009 - 8 - 17, 17: 43: 37	22.01	33.32	25.1	32.3
15	2009 - 8 - 18, 10: 28: 33	23.48	33.02	25.2	31.8
16	2009 - 8 - 18, 11: 17: 41	24.32	29.53	20.2	30.1

表 6-6 是 2010 年 8 月 10 个走航测点表层盐度实测与对应时刻的计算值比较，从表 6-6 中看出，不同时刻闽江口和闽安上游河道表层盐度计算值与实测值较为接近。

表 6-6　2010 年 8 月各点表层盐度实测与计算值比较

站位	时间	实测表层盐度	计算表层盐度
1	2010 - 8 - 25, 06: 47	0.05	0.5
2	2010 - 8 - 25, 07: 15	0.58	1.8
3	2010 - 8 - 25, 07: 41	7.27	9.1
4	2010 - 8 - 25, 07: 55	3.2	5.3
5	2010 - 8 - 25, 08: 36	0.53	0.9
6	2010 - 8 - 25, 09: 19	0.02	0.4
7	2010 - 8 - 25, 09: 39	0.02	0.3
8	2010 - 8 - 25, 09: 48	0.02	0.2
9	2010 - 8 - 25, 10: 13	0.02	0.1
10	2010 - 8 - 25, 10: 35	0.02	0.05

从模拟结果看（图 6-22～图 6-33），得出以下几点结论。

1）从高潮至低潮，闽江口外冲淡水呈扇形状向外海扩散，口门处为低盐水，高盐冲淡水可达马祖附近海域。至低潮时，冲淡水扩散最远；涨潮时，冲淡水与外海涨潮海水朝向闽江口门运动。

2）琅岐岛西侧长门水道落急时盐度略高于高潮时，这与俞鸣同的研究（俞鸣

同，1992）"长门附近河道的盐度高值未出现在高潮时，而是出现在高潮后 3 小时左右"是一致的。

3）闽江金刚腿上游河道不同潮时盐度值基本上小于 0.5，为淡水。

4）闽江口外底层盐度大于表层盐度，但盐度表、底层分层差异不特别明显，这与闽江口外海水充分紊动有关。

由于盐水入侵的模拟以大潮潮型作为基础潮型，图 6-30、图 6-31 给出闽江口及其附近海域大潮落急表层、底层盐度场，图 6-32、图 6-33 给出闽江口及其附近海域大潮涨急表层、底层盐度场。从图 6-22～图 6-33 上看出，随着潮差和落潮流速的增加，大潮时闽江口冲淡水扩散范围比中潮时大，且在闽江口外扩散方向大致朝向东南方向。

通过闽江口及其附近海域潮流场与盐度场耦合计算的结果验证及分析，表明模拟的三维潮流场基本上有良好的重现性，模拟盐度场的趋势接近于现实的盐度分布，可为盐水入侵的模拟提供基础的潮流场、盐度场。

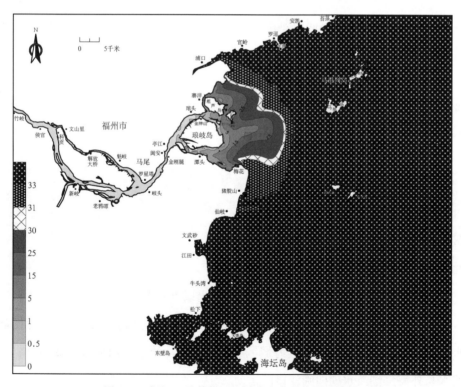

图 6-22　闽江口及其附近海域中潮高潮表层盐度场

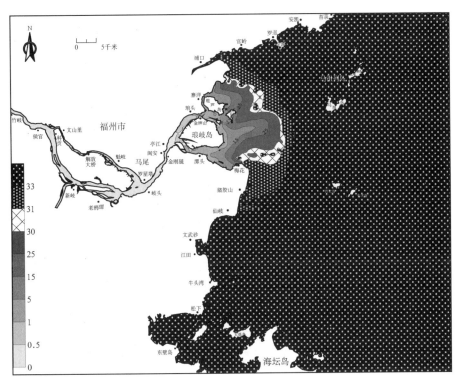

图6-23 闽江口及其附近海域中潮高潮底层盐度场

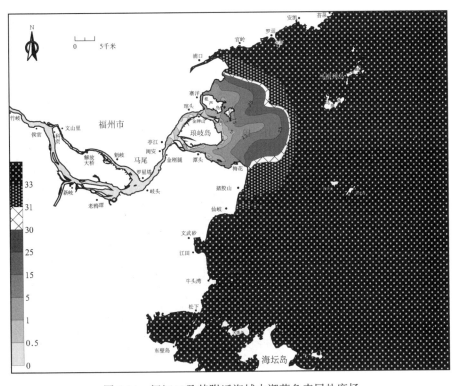

图6-24 闽江口及其附近海域中潮落急表层盐度场

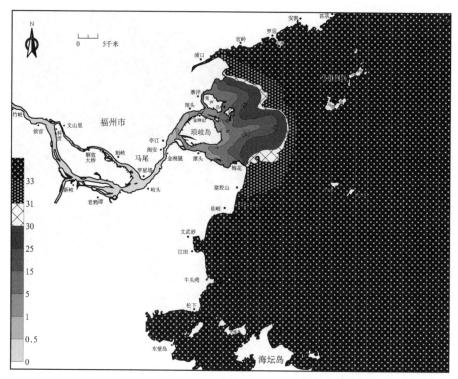

图 6-25　闽江口及其附近海域中潮落急底层盐度场

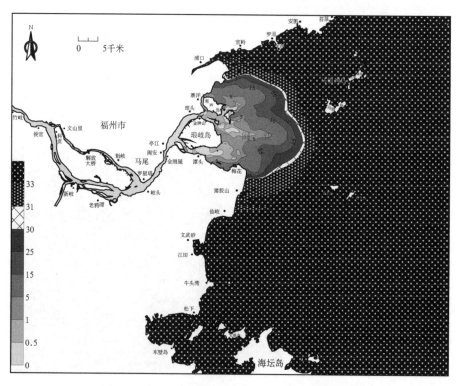

图 6-26　闽江口及其附近海域中潮低潮表层盐度场

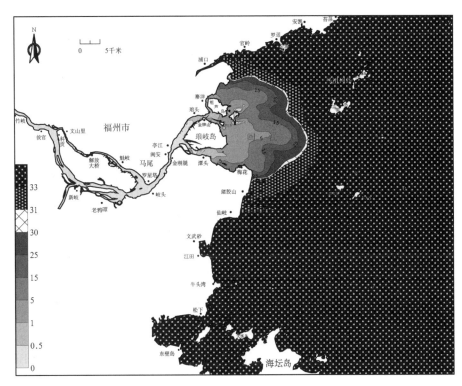

图 6-27　闽江口及其附近海域中潮低潮底层盐度场

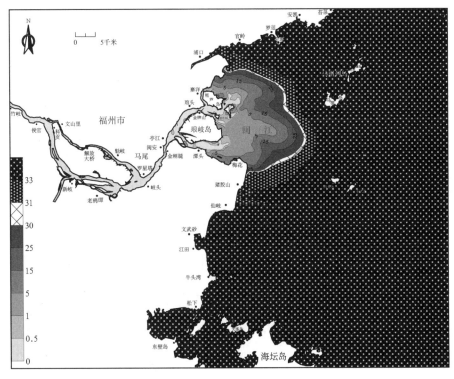

图 6-28　闽江口及其附近海域中潮涨急表层盐度场

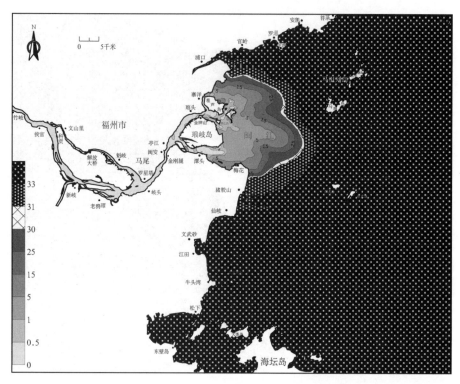

图 6-29　闽江口及其附近海域中潮涨急底层盐度场

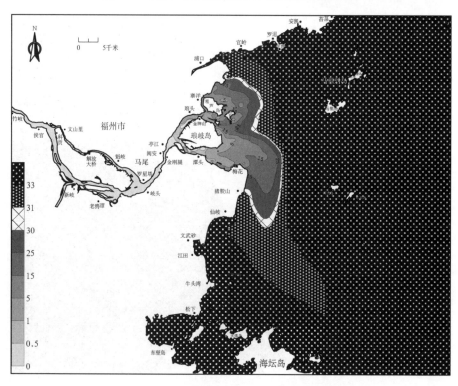

图 6-30　闽江口及其附近海域大潮落急表层盐度场

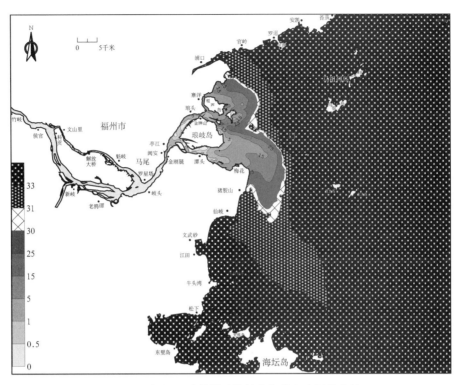

图 6-31　闽江口及其附近海域大潮落急底层盐度场

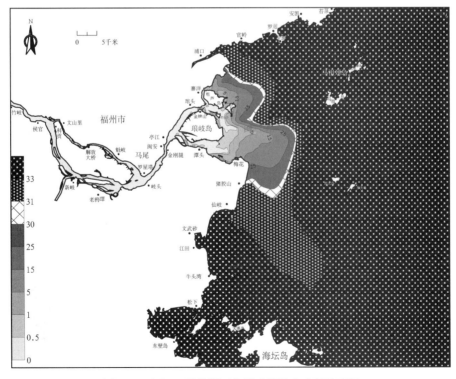

图 6-32　闽江口及其附近海域大潮涨急表层盐度场

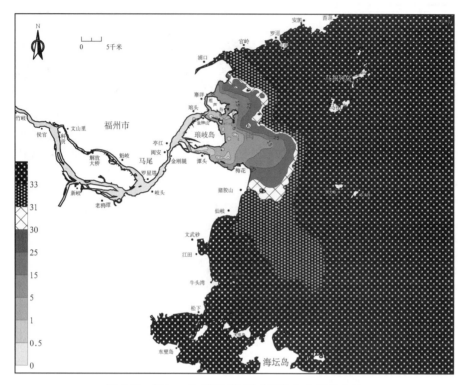

图 6-33　闽江口及其附近海域大潮涨急底层盐度场

第三节　闽江口盐水入侵的模拟

一、闽江盐水入侵的历史记录

　　闽江上分布若干自来水厂，以闽江为水源地进行取水，图 6-34 为福州自来水厂分布于闽江的取水口分布图。饮用水安全标准采用氯化物量度，规定的氯化物氯度安全指标小于 250 毫克/升，根据氯度与盐度的换算公式。

$$S‰ = 1.81 × Cl‰ \tag{6-39}$$

　　按照惯例，盐度约小于 0.5 的饮用水为安全的。近年来，由于闽江的人类活动，如上游的水口电站建设，造成枯水期上游流量减小，又由于中下游河道

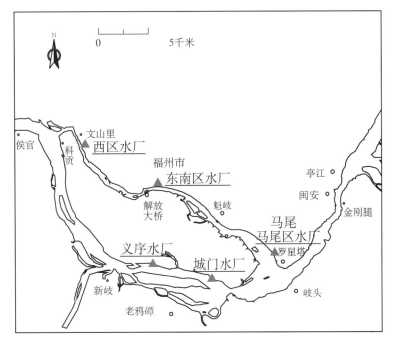

图 6-34　福州自来水厂取水口分布图

过度采砂等活动影响，枯水期大潮时易造成外海大于 0.5 的盐水入侵到闽江河道，近期统计数据表明，当上游流量小于 350 米³/秒时，取水口水源易超标。

根据福州自来水厂提供的数据，2003 年福建大旱时，马尾水厂水源氯度值达到 1195 毫克/升，亭江监测点氯度值达到 1755 毫克/升，2009 年城门水厂水源氯度值达到 800 毫克/升，均严重超标。表 6-7 为福州自来水提供的 2009 年城门水厂氯化物检测超标记录，超标时间集中于 2 月~3 月初，氯度最大值为 443 毫克/升，相当于盐度 0.8。

表 6-7　2009 年城门水厂氯化物检测超标记录

日期	时间	检测值/（毫克/升）	日期	时间	检测值/（毫克/升）
2009 - 2 - 11	15：00	351	2009 - 2 - 25	01：30	296
2009 - 2 - 12	15：00	292.5	2009 - 2 - 26	15：00	443
2009 - 2 - 13	16：15	254	2009 - 2 - 27	15：00	378
2009 - 2 - 14	16：00	300	2009 - 2 - 28	15：30	402
2009 - 2 - 15	16：45	302	2009 - 3 - 1	16：30	410
2009 - 2 - 16	17：30	332	2009 - 3 - 2	03：30	284
2009 - 2 - 23	13：00	360	2009 - 3 - 3	06：30	305
2009 - 2 - 24	01：00	317	2009 - 3 - 4	18：00	265

二、闽江口盐水入侵模拟

本节计算了闽江不同径流和潮况下闽江口的盐度场，模拟盐度大于 0.5（氯度 250 毫克/升）的含盐水到达闽江河道的最远可能位置，分析特定条件下盐水入侵的范围。

首先模拟了平均径流流量、大潮下闽江口及其附近海域的盐度场，计算边界同前，从图 6-35 可看出，大潮情况下琯头高潮位为 2.80 米（85 国家高程，下同），图上每点盐度值为一潮周期下分层盐度的最大值，从图 6-35 上看出，盐度小于 0.5 的包络线分布于闽江下游金刚腿附近，这与闽江传统意义上的盐淡水分界线基本上是一致的。

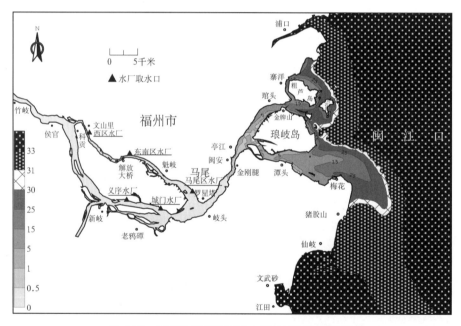

图 6-35　闽江及闽江口海域大潮盐度包络线分布

闽江盐水入侵一般在枯水期时发生，其次模拟了枯水期上游流量 350 米³/秒、大潮（琯头高潮位 2.80 米）下的盐度场包络线分布图（图 6-36）可看出，盐度大于 0.5 的含盐水入侵到马尾以西河道，最远达到新岐附近，影响到马尾、城门、义序水厂取水口，西区和东南区水厂取水口基本不受影响，这与福州自来水公司记录到的枯水期盐水入侵范围基本一致。

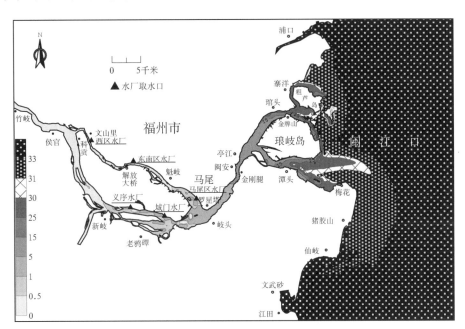

图 6-36　闽江及闽江口海域枯水期大潮盐度包络线分布

最后，图 6-37 模拟了 50 年一遇高潮位下结合上游流量 350 米³/秒的盐度场，琯头站 50 年一遇高潮位为 4.65 米，模拟时，根据琯头站 50 年一遇高潮位与大潮高潮位的比例，在外海开边界潮位曲线中乘以该比例进行三维潮流场、盐度场的模拟。从图 6-37 上看出，盐度大于 0.5 的含盐水入侵到闽江中游南北支，北支盐水可达解放大桥，南支可达科贡，影响到马尾、城门、义序、东南区水厂取水口。

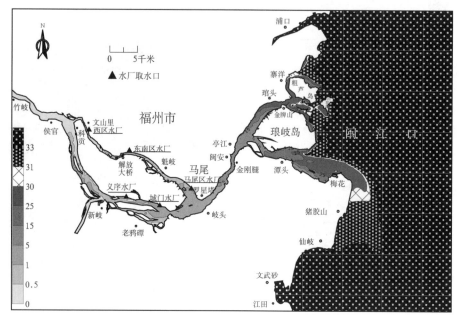

图 6-37　闽江及闽江口海域枯水期 50 年一遇高潮位盐度包络线分布

第四节　小　　结

1）运用 ELCIRC 模型建立了闽江口及其附近海域三维潮流场、盐度场，验证及分析表明模拟的三维潮流场基本上有良好的重现性，模拟盐度场的趋势接近于现实的盐度分布，可为盐水入侵的模拟提供基础的潮流场、盐度场。

2）模拟了闽江不同径流和潮况下闽江口的盐度场，在平均径流流量、大潮下，盐度小于 0.5 的包络线分布于闽江下游金刚腿附近。

在枯水期上游流量 350 米^3/秒、大潮下盐度大于 0.5 的含盐水入侵到马尾以西河道，最远达到新岐附近，影响到马尾、城门、义序水厂取水口。

在 50 年一遇高潮位下结合上游流量 350 米^3/秒下，盐度大于 0.5 的含盐水入侵到闽江中游南北支，北支盐水可达解放大桥，南支可达科贡，影响到马尾、城门、义序、东南区水厂取水口。

第七章

结　语

一、闽江入海物质变化对河口海洋生态系统的主要影响

闽江是我国东南沿海最为重要的入海河流，其广阔的流域面积、充沛的水量及水利资源、便利的水路交通以及优越的区位优势等，为福建中北部的三明市、南平市、福州市等沿河城市群的孕育及区域的经济社会发展提供了优越的自然条件。

受区域地质背景的控制，闽江下游河道分支分叉较多，构成闽江独特的水沙南北支分流比特征，其中约80%的入海泥沙出川石等北支河道沉积在河口区的北部，因经南支的入海泥沙少，河口外侧的水下三角洲前缘斜坡呈现"北积南蚀"的特征。沉积于水下三角洲平原的泥沙，受地形和潮流波浪等的作用易发生再悬浮，并随涨潮流向河口南部及南支河道输送，因南支水道上游的顶托作用，泥沙多沉积在南支河道及口门附近浅滩，构成南支河道多浅滩的沉积地貌格局。这些河口浅滩构成了著名的闽江河口湿地，如鳝鱼滩闽江口湿地保护区等，水深较浅的浅滩常发育丰茂的水草和红树等，成为国际上候鸟迁徙过程中休憩和觅食的重要栖息地。

20世纪70年代以后，陆续在闽江上游和干流上修筑了安砂、池潭、沙溪口和水口等大中型水坝和电站，为水利资源利用、航运、防洪防涝以及促进经济和地区发展等做出了重要贡献。但与此同时，水坝建成后拦截了入海泥沙、阻断了淡水生物上溯通道，加上采砂等不合理的开发活动，河口区泥沙供应锐减，河口底床淤积作用减弱，海域与海岸发生侵蚀、湿地面积萎缩，进而影响河口湿地保护区，如河口南部的鳝鱼滩湿地、琅岐岛东侧的南上行沙、川石岛东侧的铁板沙等，进一步影响了湿地植被及湿地动物的生存环境。

20世纪80年代闽江口水质状况基本良好，河口区水体富氧，各种营养盐来源较丰富，除溶解态重金属含量汞略有超标外，其他元素和污染物含量较少超过一类海水水质标准。但2000年以来，入海污染物总量逐年上升，8年时间里增加了9~10倍，其中2005年达到最高；污染物中，COD为最主要的污染物，其次为无机氮，富营养化趋势日趋严重。近年来调查显示，海域总体上溶解氧平均含量符合国家一类海水水质标准、活性磷酸盐平均含量符合国家二三

类海水水质标准、溶解无机氮平均含量超过国家四类海水水质标准、氮与磷的比值均远大于 Redfield 值，并有增大的趋势，磷成为闽江口海区营养盐的限制因子。N/P 值的增加有利于较小个体藻类的生长，闽江口出现的赤潮优势种的变化反映了闽江口海域营养盐的结构比例变化对海洋生态系统结构的影响。河流携带的污染物，已开始影响闽江口生物体质量，Cu、Zn、Hg、六六六、DDT、多氯联苯（PCB）和赤潮毒素（DSP、PSP）含量尚未超过一类海洋生物体质量标准，但 As、Pb、Cr 含量在生物体中存在不同程度地超一类海洋生物质量标准的现象，其中 Pb 含量超标稍重，应引起必要的重视。

夏季闽江径流量达到全年最高，携带入海的氮、磷等营养物质也达到全年峰值。与此同时，夏季在闽江口—平潭岛东侧易发生上升流，加上西南风作用下北上的南海暖流，使得闽江口冲淡水向外海输送被阻隔，出现夏季冲淡水扩散范围小于其他三个季节的现象，进一步造成营养物质不易向外海扩散，闽江口及其邻近海域富营养化程度在夏季得以长期维持，进而成为福建沿海赤潮的高发区。营养盐的过度输入造成了河口区水质的恶化，不但给养殖、滨海旅游等造成巨大的损失，也会因赤潮藻类的过度繁殖和死亡造成海域缺氧等事件，对河口海蚌等珍稀物种造成重大损害。

受海域和地形格局的影响，闽江口在枯水大潮期间常发生盐潮入侵的现象。数值模型显示：在 50 年一遇高潮位结合上游流量 350 米^3/秒情况下，盐度大于 0.5 的含盐水入侵到闽江下游，其中北港盐水可达解放大桥，南港可达科贡，影响到马尾、城门、义序、东南区水厂取水口，而文山里的西区水厂为仅剩的安全区。此外，闽江口南岸长乐梅花—松下一带为沙质海岸地区，沿岸发育沙滩和风成沙丘，易受海水入侵的影响，近年监测结果显示部分地区地下水氯度和矿化度较高，已受地下海水入侵的影响。

二、河口持续发展建议与对策

1. 加强流域水沙调蓄研究，保障河口泥沙供应平衡

河口区输沙平衡是维护河口区地形地貌环境的重要条件，是底栖生物生长

发育的重要生境要素，也是滩涂湿地维持的重要条件。受流域水土保持、水利工程建设、采砂等影响，河口泥沙供应减少、粒度变细，破坏了河口区的输沙平衡，也将影响滩涂湿地和底栖生物的生长发育，影响海蚌等珍稀物种的保护。

基于目前流域水利工程开发情况，应加强流域水沙调蓄的工程措施研究，即保证水库库容的维护，也向水库下游提供足够的淡水和泥沙，维护河口区生态环境的稳定。主要有以下几点措施。

1）加快水沙调控体系的建设。充分利用已建水库工程积极探索水沙调控技术和深化水沙运行规律，布局建设水沙调控体系，合理编制水沙调控方案，提高干预与控制洪水和泥沙的能力。

2）建立完善的水沙测报体系。要尽快建立完善的闽江水沙测验体系和河道、水库冲淤观测体系，重点应放在洪水含沙量及颗粒级配的实时在线监测，达到全面监测水沙运行和河道、水库冲淤演变的目标。要尽快完成暴雨预警系统的建设，满足全天候暴雨监测的要求。开展上游洪水预报方案和中游暴雨洪水泥沙预报方案研究，以完善的水沙监测和准确的水沙预报支撑塑造协调水沙关系的调度实施。

3）加强防汛信息化系统建设。提高洪水、泥沙、水情雨情、工情险情等信息的管理水平，并有效支撑洪水泥沙调度决策的开展。

2. 加强流域污染排放总量控制，保障河口生态安全

闽江流域污染物排放增长过快，闽江河口富营养化和重金属污染日益严峻，赤潮频发，生态灾害风险日益加大，生物体质量变差并影响了食品安全。应通过加强流域污染物排放总量控制等措施，保障河口生态安全。主要措施有以下几点。

1）有效控制陆源污染。突出抓好重点行业、重点企业的污染源治理，推行全过程清洁生产，采用高新适用技术改造传统产业，进一步严打违法排污企业，加大对污染设施运转的监督检查。通过调整产业结构和产品结构，转变经济增长方式，发展循环经济。加快环境基础设施建设步伐，尽快配套排污管网建设，提高污水处理厂的接纳量。改善现有城市污水处理设施，增加脱氮除磷的处理工艺，切实提高污水处理厂的出水质量。大力发展循环经济，积极推广工业企

业污水"零排放"。科学合理地使用化肥、农药，减少农业面源污染，进而减少对近岸海域的污染，大力发展生态农业、生态林业、流域治理等污染治理和生态建设工程，有效地消减河流入海污染的负荷。

2）建立健全海洋法律体系与管理体制。根据现行法规，海洋环境保护的管理工作由国家海洋局、国家环保总局、交通部、农业部和海军5个部门以及沿海地方人民政府组织实施。各部门根据分工对不同类型的污染源实施监督管理。各个部门间的分工表面上看是独立的，但实际上却存在着一定程度的交叉和重叠。执法部门应在加强自身建设的同时，加强部门间的横向联系，做到"协防、协查、协管"，努力把法制工作落到实处，始终做到"执法必严"，保证实现"有法必依，违法必究"。

3）落实污染总量控制制度。由于河口是整个流域最终的排泄口，整个流域形成的环境压力将最终转移到河口来，为了维护河口区海洋环境，降低生态风险，应加强流域污染物排放总量控制工作，通过调查和分析，制定排放总量标准，并落实各地区排放指标，切实控制入海污染物总量，保持河口区的生态安全。

3. 遏制河口及河道非法采砂，保护河口生态安全

严格贯彻《福州市人民政府关于开展闽江下游河道采砂整治工作的通告（2007）》和《福建省海域采砂临时用海管理办法（2009）》，规范河道和河口采砂行为，遏制和整顿非法采砂，保障河道防洪、航运、沿江工程设施和河口生态的安全。

闽江下游沿岸各县（市）区人民政府应当依法组织协调各相关部门加强闽江河道和河口采砂管理，及时查处违法采砂、运砂、堆砂等行为，市海洋、水利、国土、交通、海事、安监、公安（边防）等相关部门应认真履行职责，通过联合执法等方式加强执法巡查、密切配合，及时查处违法行为。

闽江下游河道内采砂活动必须持水行政主管部门核发的《河道采砂许可证》，并在许可范围内开采；从事砂石运输的船舶必须符合有关安全要求，并持有《矿产品准运单》；堆放砂石的必须经县级以上水行政主管部门批准。临时海砂开采应严格遵照《福建省海域采砂临时用海管理办法》的要求开展临时用

海论证、海砂开采环境影响评价等用海申请工作；严格按照确权批准的海砂开采范围、允许采砂量开采海砂，并严格贯彻相关的措施和监测工作。

严格禁止在闽江口海蚌保护区、河口湿地保护区、沿岸沙滩、养殖区以及重要鱼类洄游通道、索饵场、越冬场、产卵场和栖息地，以及采砂可能危及码头、跨海桥梁、临海公路、海堤、海底电缆等涉海工程安全的海域采砂。应及时依法划定禁止海砂开采的具体范围，并创造条件开展河口区海砂资源勘探。

重拳出击，严打非法采砂。对阻挠执法人员依法执行公务的人员，由公安机关依法追究其法律责任。对煽动、组织暴力抗法的人员，依法从重处罚；情节严重、构成犯罪的人员，依法追究刑事责任。

4. 重视海水入侵问题，保障城市饮水安全

水安全是 21 世纪的重要问题，一方面饮用水受污染的危险日益增强，另一方面在径流减少的情况下，海水入侵的问题日益严重，数值模型显示枯季大潮期间福州市 5 个水厂有 3 个无法保证安全取水，严重影响福州城市的供水安全。同时，盐水入侵也可能会对养殖、旅游、居民生活等产生影响。

为此，应开展闽江口取水安全预警系统建设，主要包括：现场径流量、潮位、流速、风速等要素数据自动采集系统建设；构建精细数字地形模型；优化和完善预报模型；建立有效的信息发布机制；加强水厂企业应对盐水入侵的防灾能力建设。

5. 加强区域发展规划和调控，保障流域的协调发展

闽江口作为闽江的入海口，自古以来就是开发建设的优选之地，人口转移、城市扩张、流域污染等，给闽江口的资源和环境带来越来越大的压力。应本着"陆海统筹"的精神，在流域水环境承载力估算的基础上，精细规划闽江流域的发展规划，调控资源与生产力布局，充分发挥闽江口通江接海的龙头地位作用，充分发挥闽江口接纳和稀释净化流域污染的作用，来保障流域的协调发展。

参 考 文 献

陈伟琪，张珞平，王新红，等.2001.厦门岛东南部和闽江口沿岸经济贝类中持久性有机氯农药和多氯联苯的残留水平.台湾海峡，20（3）：329－334.

冯士筰，孙文心.1990.物理海洋数值模拟计算.洛阳：河南科学技术出版社.

福建省海洋与渔业厅.2003.2002年福建省海洋环境状况公报.福州.

福建省海洋与渔业厅.2004.2003年福建省海洋环境状况公报.福州.

福建省海洋与渔业厅.2005.2004年福建省海洋环境状况公报.福州.

福建省海洋与渔业厅.2006.2005年福建省海洋环境状况公报.福州.

福建省海洋与渔业局.2007.2006年福建省海洋环境状况公报.福州.

福建省海洋与渔业局.2008.2007年福建省海洋环境状况公报.福州.

福建省海洋与渔业局.2009.2008年福建省海洋环境状况公报.福州.

福建省海洋与渔业局.2010.2009年福建省海洋环境状况公报.福州.

福建省海洋与渔业局.2011.2010年福建省海洋环境状况公报.福州.

福建省海洋与渔业局.2012.2011年福建省海洋环境状况公报.福州.

福建省海洋与渔业局.2013.2012年福建省海洋环境质量公报.福州.

高建华，高抒，董礼先，等.2003.鸭绿江河口地区沉积物特征及悬沙输送.海洋通报，22（5）：26－33.

洪丽玉，洪华生，徐立，等.2001.闽江口—马祖海域表层沉积物及沿岸养殖区生物体中 Cu、Pb、Zn、Cd 的含量分布.厦门大学学报（自然科学版），39（1）：89－95.

纪华盾.1999.福建沿海八大风浪区.航海技术，（2）：24.

江传捷.2006.再论闽江下游河床演变及其水力条件的变化.水利科技，（2）：7.

李伯根，谢钦春，夏小明，等.1999.椒江河口最大浑浊带悬沙粒径分布及其对潮动力的响应.泥沙研究，1：18－26.

李东义，陈坚，王爱军，等.2009.江河口悬浮泥沙特征及输运过程.海洋工程，27（2）：70－80.

李佳.2004.长江河口潮区界和潮流界及其对重大工程的响应.上海:华东师范大学硕士学位论文.

李占海,高抒,沈焕庭,等.2006.江苏大丰潮滩悬沙级配特征及其动力响应.海洋学报,28(4):87-95.

林峰.1989.闽江口悬浮物和表层沉积物中镉铅铜锌的分布.台湾海峡,8(3):195-200.

林勇.2004.闽江福州段河道演变分析与整治探讨.人民珠江,6:25-26.

刘苍字,贾海林,陈祥锋.2001.闽江河口沉积结构与沉积作用.海洋与湖沼,32(2):177-184.

刘修德.2009.福建省海湾数模与环境研究——闽江口.北京:海洋出版社.

潘定安,沈焕庭.1993.闽江口的盐淡水混合.海洋与湖沼,24(6):599.

阮金山.1989.闽江口海区硝酸盐和pH与浮游生物关系的探讨.福建水产,2:32-36.

沈健,沈焕庭,潘定安,等.1995.长江河口最大浑浊带水沙输运机制分析.地理学报,50(5):419-420.

孙英兰,陈时俊,赵可胜.1990.沿岸海域三维斜压场的数值模拟——I.渤海潮流数值计算.青岛海洋大学学报,20(5):11-24.

汤军健,余兴光,陈坚,等.2009.闽江口入海悬沙输运的数值模拟.台湾海峡,28(1):90-95.

唐永明,孙文心,冯士筰.1990.三维浅海流体动力学的流速分解法.海洋学报,12(2):149-158.

汪家君.1995.近代历史海图与港口航道工程.海洋通报,(3):11-18.

王康墡,苏纪兰.1987.长江口南港环流及悬移物质输运的计算分析.海洋学报,9(5):627-637.

夏青,陈艳卿,刘宪兵,等.2004.水质基准与水质标准.北京:中国标准出版社.

许清辉,郭延宗,林锋,等.1991.闽江口无机氮营养盐的行为及入海通量.厦门大学学报,30(6):632-634.

叶燕贻.2000.水口电站建设对闽江河口区的影响.水运工程,317(6):33-38.

余兴光,马志远,林志兰.2008.福建省海湾围填海规划环境化学与环境容量影响评价.北京:科学出版社.

俞鸣同.1992.闽江河口北支冬季盐水入侵的分析.海洋通报,11(4):17-22.

袁东星,杨东宁,陈猛,等.2001.厦门西港及闽江口表层沉积物中多环芳烃和有机氯污染物的含量及分布. 环境科学学报, 21 (1): 107 – 112.

张学梓. 2005. 闽江潮汐河口汊道浅滩整治. 水道港口, 26 (3): 172 – 176.

郑志凤. 2000. 闽江口水下三角洲的形成与演变. 厦门国家海洋局第三海洋研究所硕士学位论文.

中国海湾志编撰委员会. 1998. 中国海湾志第十四分册（重要河口）. 北京：海洋出版社.

中华人民共和国水利部. 2012. 中国河流泥沙公报（2012）. 北京：中国水利水电出版社.

McManus J. 1988. Grain size determination and interpretation//Tucker M. Techniques in Sedimetology. Oxford：Black Well Scientific Publication.

Miller M C, Mccave L N, Komar P D. 1977. Threshold of sediment motion under unidirectional current. Sedimetology, 24: 507 – 527.

Casulli V, Cattani E. 1994. Stability, accuracy and efficiency of a semi-implicit method for three-dimension shallow water flow. Computer Math. Applic, 27 (4): 99 – 112.

Casulli V, Cheng R T. 1992. Semi-implicit finite difference methods for three-dimension shallow water flow. International Journal for Numerical in Fluids, 15: 629 – 648.

Casulli V, Zanolli P. 1998. A three-dimensional semi-implicit algorithm for environmental flows on unstructured grids. Institute for Computational Fluid Dynamics. Conference on Numerical Methods for Fluid Dynamics VI.

Mellor G L. 1998. Users guide for three-dimension, primitive equation, numerical ocean model. Princeton：Princeton University.

Oliveira A, Baptista A M. 1995. A comparison of integration and interpolation Eulerian-Lagrangian methods. International, Journal of Numerical Methods in Fluids, 21: 183 – 204.

Umlauf L, Burchard H. 2003. A generic length-scaleequation for geophysical turbulence models. Journal of Marine Research, 6 (12): 235 – 265.

Zhang Y L, Antonio M B, Edward P M. 2003. A cross-scale model for 3D baroclinic circulation in estuary-plume-shelf systems：I. Formulation and skill assessment. Continental Shelf Research, 24 (18): 2187 – 2214.